Lernen aus Fehlern

Wie man aus Schaden klug wird

Elke M. Schüttelkopf

2. Auflage

Inhalt

Vorwort

Fehler passieren. Sie sind ein Teil unseres Alltags – und trotzdem werfen sie uns immer wieder aus dem Gleichgewicht: Eigene Fehler sind uns oft peinlich. Kleine Patzer wischen wir hektisch weg, bevor sie offenkundig werden. Große Missgeschicke vor den Augen anderer beschämen und ärgern uns oft über Jahre.

Auch den Fehlern anderer begegnen wir meist mit wenig Verständnis. Schnell gehen die Emotionen hoch, werden Schuldige gesucht und Vorwürfe gemacht.

Es gibt viele Möglichkeiten, auf Fehler zu reagieren. Doch nur wenige von ihnen sind geeignet, Fehler nachhaltig abzustellen und für die Zukunft zu vermeiden. Nur dort, wo ruhig und sachlich mit Fehlern umgegangen wird, können alle Beteiligten aus dem Schaden klug werden. Nur in einer positiven Fehlerkultur können alle Beteiligten aus Fehlern lernen.

In diesem TaschenGuide erfahren Sie, wie Sie die Basis für einen guten Umgang mit eigenen und fremden Fehlern schaffen. Er zeigt, wie Sie und Ihre Liebsten, aber auch Ihre Teammitglieder und Führungskräfte Fehler besser verstehen und handhaben können, wie Sie gemeinsam Arbeitsfehler und Fehlverhalten nachhaltig abstellen.

Ich freue mich, dass Sie das spannende Thema Fehlerkultur erkunden, und wünsche Ihnen viel Erfolg beim Lernen aus Fehlern!

Elke M. Schüttelkopf

Was Fehler bedeuten

Fehler sind ärgerlich. Sie machen Stress und Mühe. Niemand braucht sie. Doch eines ist gewiss: Sie treten trotzdem auf. Darum lohnt es sich, umzudenken und das Beste aus ihnen zu machen.

In diesem Kapitel erfahren Sie,

- warum eine falsche Fehlerkultur katastrophal sein kann,
- warum Fehler eine Frage der Definition sind,
- was ein konstruktiver Umgang mit Fehlern bringt,
- wie man aus Schaden klug wird.

Wenn Fehler in Katastrophen münden

Fehler passieren. Wir sind beim Laufenlernen gestolpert und haben uns die Knie blutig geschlagen. Wir haben beim Ballspielen so manche Vase in Scherben geschossen. Wir haben in der Schule die eine oder andere Schularbeit vermasselt. Doch was macht das schon? Fehler zu machen ist schließlich menschlich.

Doch Fehler ist nicht gleich Fehler. Das Fehlermachen als menschlich anzusehen und es dabei bewenden zu lassen, kann gefährlich werden. Daher lohnt es sich, den Blick zu schärfen und zu erkennen: Es gibt kleine und große Fehler, es gibt billige und teure Fehler, folgenlose und folgenschwere Fehler.

Beispiel:

Am Freitag, den 13. Januar 2012, lief das Kreuzfahrtschiff Costa Concordia gegen 19 Uhr aus dem Hafen Civitavecchia aus. Die Route durch das westliche Mittelmeer führte an diesem Abend an der Insel Giglio vorbei, für die ein Aufsehen erregendes Manöver eingeleitet wurde: Die Costa Concordia sollte sich vor der Insel „verneigen", von der Schifffahrtsroute abweichen und mit voller Beleuchtung und unter Einsatz der Schiffshörner in unmittelbarer Küstennähe für ein ganz besonderes Spektakel sorgen.

Der weitere Verlauf ist aus den Medien bekannt. Die meisten der 3.200 Passagiere saßen gerade beim Abendessen, als das Schiff um 21:45 Uhr mit einem Felsen kollidierte. Nur 95 Meter von der Küstenlinie entfernt, schrammte der Luxusliner in 8 Meter Tiefe ein Riff, das ein 70 m langes Leck in die Schiffshaut riss. Binnen weniger Minuten war der Großteil des Rumpfes geflutet, die Stromversorgung und die Antriebsmaschinen fielen aus, das Ruder war blockiert. Manövrierunfähig trieb das Schiff über das Meer, drehte sich um die eigene Achse und wurde dann von Wind und Wellen wieder in Richtung Küste geschoben. Nach mehr als einer Seemeile Irrfahrt lief das Schiff erneut auf Grund. In tiefer „Verneigung" kam es in der Nähe des Küstenortes Porto Giglio auf einem Felsen zum Liegen.

Trotz der winterlichen Wassertemperaturen sprangen etwa 200 Passagiere über Bord, um an Land zu schwimmen. Die meisten der 4.229 Menschen (davon etwa 1.000 Besatzungsmitglieder) wurden im Laufe der Nacht mit den Rettungsbooten sowie den zu Hilfe eilenden Schiffen, Fähren und Hubschraubern gerettet. 32 Menschen jedoch verloren bei diesem waghalsigen Manöver ihr Leben.

Fehlannahmen rund um Fehler

Irrtum Nr. 1: Pech gehabt!

Beispiel:

Als bei der Schiffstaufe der Costa Concordia das Topmodel Eva Herzigová im Sommer 2006 die Champagnerflasche auf den Luxuskreuzer knallen ließ, passierte ... gar nichts. Die Flasche blieb ganz. Ein gewaltiger Schreck durchfuhr die anwesenden Seeleute: ein schlechtes Omen! Und dann war es ausgerechnet Freitag, der 13., an dem die Costa Concordia auf Grund lief. Die Reederei sprach gleich von einer „bestürzenden Tragödie".

Wie so oft, war es auch im Fall des Kreuzfahrtschiffes nicht das Schicksal, das seinen unerbittlichen Lauf nahm. Vielmehr handelte es sich um eine Reihe von Fehlern, die Menschen passiert sind bzw. von ihnen gemacht wurden.

Fehler werden nicht vom Schicksal gesteuert. Sie sind keine Auswirkung von Glück oder Pech. Die wahre Tragödie liegt darin, dass zum einen ein schwerer Fehler verursacht wurde, der vermeidbar war, und zum anderen massive Fehler im Umgang mit dem Fehler gemacht wurden, die letztlich zum letalen Ausgang führten.

Irrtum Nr. 2: Fehlerverläufe sind schicksalhaft!

Beispiel:

Die Katastrophe setzte sich langsam in Gang. Es begann mit einer Fehlentscheidung sowie einigen leichten und schweren Verhaltensfehlern, die zu einem Unfall mit schweren Beschädigungen am Luxuskreuzer führten: Das Kreuzfahrtschiff rammte einen Felsen.

Zu diesem Zeitpunkt handelte es sich nicht nur um einen teuren Fehler, sondern auch um einen gefährlichen Fehler. Zu diesem Zeitpunkt handelte es sich nicht nur um einen Sachschaden, sondern war bereits die Sicherheit der 4.229 Menschen an Bord gefährdet. Aber der tödliche Ausgang war noch abwendbar.

Das tödliche Unglück trat nicht plötzlich ein, sondern im Verlauf einer Nacht: Die Kollision erfolgte um 21:45 Uhr. Binnen weniger Minuten lagen die Fakten auf dem Tisch: Der Rumpf und die Maschinenräume stehen unter Wasser, die Elektrizität ist ausgefallen, das Schiff ist nicht mehr manövrierfähig, die Stabilität des Schiffes ist akut gefährdet. Das alles ist kritisch, aber noch keine Katastrophe. Doch dann verlief vieles anders, als es laufen soll.

Gegen 21:54 Uhr informierte die Schiffsführung die Reisenden lediglich über ein Problem mit der Stromversorgung. Kurz nach 22 Uhr beschwichtigte der Kapitän die Küstenwache und täuschte sie über die wahren Verhältnisse an Bord. Und erst um 22:30 Uhr – eine Dreiviertelstunde nach der folgenschweren Kollision – wurde auf der Costa Concordia das Signal zur Evakuierung gegeben. Viel zu spät!

Als letztlich um 22:30 Uhr das Hornsignal die Passagiere aufforderte, sich an Deck und zu den Rettungsbooten zu begeben, hatte der Luxuskreuzer bereits eine beträchtliche Schlagseite. Durch die starke Seitenlage gerieten viele Gänge unter Wasser bzw. wurden durch die zunehmende Neigung unpassierbar. Die Rettungsboote wurden blockiert und konnten nicht mehr zu Wasser gelassen werden. Im allgemeinen Chaos entzogen sich der Kapitän und einige Offiziere ihrer Verantwortung und flüchteten vom Schiff. Die verbleibende Besatzung erwies sich bei den Rettungsmaßnahmen als unkoordiniert und unzureichend ausgebildet.

Die Schadensbilanz: 32 Todesopfer, zahlreiche verletzte und traumatisierte Überlebende, Verlust des 400 Mio. Euro teuren Kreuzfahrtschiffes, Bergungskosten in Höhe von ca. 1,5 Mrd. Euro, Verschrottungskosten von 100 Mio. Euro und mehrere Millionen Euro für Gerichtskosten sowie Schadensersatz. Bis zum Abschluss des Strafverfahrens werden zudem noch unzählige negative Medienberichte das Image der Reederei belasten.

Das Beispiel zeigt: Fehler können gravierende Folgen nach sich ziehen. Doch der fatale Verlauf ist nicht dem Schicksal geschuldet, er ist das Resultat eines desaströsen Umgangs mit Fehlern.

Unfälle kommen vor. Damit jedoch selbst gravierende Unfälle nicht in die Katastrophe münden, wurden seit dem Untergang der Titanic eine Reihe von Sicherheitsmaßnahmen etabliert. Ein Kreuzfahrtschiff wie die Costa Concordia kann binnen 80 Minuten ordnungsgemäß evakuiert werden. Das heißt: Um 22:30 Uhr hätten die Rettungsmaßnahmen bereits eine Dreiviertelstunde laufen können. Um 22:30 Uhr hätte sich demnach bereits die Hälfte der Passagiere in den Rettungsbooten auf dem Weg zum sicheren Ufer befinden können.

Doch so lief es leider nicht! Vielmehr wurde der Unfall vertuscht, die Passagiere und die Küstenwache belogen, die Evakuierung verschleppt. Statt wie vorgesehen gegen 23:15 Uhr konnte die Bergung der letzten Personen erst um 6:00 Uhr morgens abgeschlossen werden. Für einige Passagiere und Besatzungsmitglieder kam jede Hilfe zu spät. Sie mussten die Fehler, Versäumnisse und Unterlassungen der Verantwortlichen mit ihrem Leben bezahlen.

Was wir aus diesem Beispiel lernen können:

1 Fehler können im Vorfeld erahnt und gemindert bzw. verhindert werden: Fehler lassen sich vermeiden!

2 Kritische Fehler müssen nach ihrem Auftreten schnell erkannt und gebannt werden: Ein konstruktiver Umgang mit Fehlern reduziert den Schaden!

Irrtum Nr. 3: Schuldige müssen gesucht und bestraft werden

Beispiel:

Der Ärger und die Wut über das Unglück waren groß. Schnell wurde ein Schuldiger gesucht und schnell haben die Medien den Schuldigen des Schiffsunglücks präsentiert: Kapitän Francesco Schettino. Da kamen dann die Charakterfehler Schettinos gerade recht: seine Eitelkeit, seine heimliche Geliebte, seine Unfähigkeit, zu seinen Fehlern zu stehen und sie zu bewältigen. Über Schettino ergoss sich der Spott und Hohn der Öffentlichkeit, als er bekundete, er wäre schon bald nach Beginn der Evakuierung „in ein Rettungsboot gefallen".

Die Weltöffentlichkeit hat bereits kurz nach dem Unglück das Urteil gefällt: „Schuldig!" Der Kapitän hat den falschen Kurs gefahren! Er hat sich aus der Verantwortung gestohlen! Er hat das ihm anvertraute Schiff und die Passagiere ihrem Schicksal überlassen!

Wenn mitten im Mediensturm Schuldige unter Hausarrest gesetzt bzw. verhaftet werden, atmet die breite Masse auf: Da geschieht Recht – da wird gehandelt – Strafe und Sühne! Doch das ist ein folgenschwerer Irrtum. In Wirklichkeit werden lediglich die Prinzipien der Medien bedient; es wird personalisiert und emotionalisiert, aber dem Problem nicht auf den Grund gegangen. Schuldige werden gesucht, jedoch nicht die Ursachen für den Fehler. Es wird nur das Symptom bekämpft, aber nicht das Problem gelöst.

Das Aufschaukeln von Emotionen, das Vorführen von „Schuldigen" bringt die Kasse der Medienkonzerne zum Klingeln. Für die Fehlerbearbeitung hingegen ist so ein Umgang mit Fehlern kontraproduktiv. Wenn Köpfe rollen, täuscht das zumeist nur darüber hinweg, dass sonst alles beim Alten bleibt.

Die Vorwürfe gegen Schettino wurden zu Recht erhoben, zu Recht wurde er wegen mehrfacher fahrlässiger Tötung und Körperverletzung, Herbeiführung eines Schiffsbruchs, vorzeitigem Verlassen des Schiffes und Zurücklassen von Hilfsbedürftigen angeklagt. Aber damit ist die Sache nicht erledigt. Es reicht nicht, wenn der Kapitän zu einer langen Haftstrafe verurteilt wird, ein paar weitere Beteiligte eine freiwillige Haftstrafe von ein paar Jahren antreten und sich die Reederei gegen die Zahlung von einer Million Euro von gerichtlichen Ermittlungen freikauft.

Strafen bei Straftaten sind notwendig. Aber sie bringen noch keine Verbesserungen. Passieren gravierende Fehler, ist es wichtig, den Fehler zu fokussieren, die Ursachen zu analysieren und Maßnahmen für Verbesserungen zu erarbeiten. Auch wenn wir dazu tendieren, Fehler vorschnell den handelnden Personen zuzuschreiben, steckt der Fehler meist im System. Für den Untergang der Costa Concordia gibt es viele Ursachen: Sprachprobleme, unqualifiziertes Personal, mangelnde Vorbereitung auf Krisensituationen, Akzeptanz von fahrlässigen Handlungen durch das Reederei-Management, mangelndes Pflichtbewusstsein und Risikobewusstsein bei der gesamten Schiffsführung, schweigendes Dulden von Fehlern und Pflichtverletzungen durch die unteren Führungsebenen, starre Hierarchien, hohe Machtdistanz etc.

Werden nur Schuldige gesucht und Haftstrafen abgesessen, ist die Gefahr von Wiederholungsfehlern groß. So kommt es, dass nur ein Jahr später ähnliche Fehlerketten Passagiere wie Besatzung eines südkoreanischen Schiffes in den Tod reißen: Am 16. April 2014 sinkt die Fähre Sewol. Wie bei der Costa Concordia wurden auch hier Sicherheitsvorschriften ignoriert. Die Fähre kentert. Wie Schettino schickt der Kapitän der Sewol die Passagiere in die Kabinen statt an Deck zur Evakuierung, wie Schettino flüchtet auch der Kapitän der Sewol. Doch leider kommt die Fähre nicht auf einem Felsen zu liegen, sondern versinkt im tiefen Meer. Von den 447 Passagieren, davon 325 SchülerInnen einer High School, und den 29 Besatzungsmitgliedern bezahlen 302 Menschen das systematische Versagen mit ihrem Leben.

Fehler: eine Frage der Definition

Wenn wir im Fall der Costa Concordia alle Fehler sammeln, die letztlich zur Katastrophe geführt haben, können wir lange Listen füllen: unzureichende Seekarten an Bord, Werbeaktionen auf Kosten der Sicherheit, Abweichungen von der Schifffahrtsroute, zu hohe Geschwindigkeit bei kritischen Manövern, nicht-zutrittsberechtigte Personen auf der Brücke, ein Kapitän, der sich lieber seiner heimlichen Geliebten statt seinen Aufgaben widmet, persönliche Eitelkeiten und vieles mehr. Aber handelt es sich bei diesem bunten Durcheinander jeweils wirklich um Fehler? Was ist überhaupt ein Fehler?

Fehler als Zielverfehlung

Das Wort Fehler leitet sich vom altfranzösischen „faillier" ab, das „verfehlen" bzw. „sich irren" bedeutet. Verbreitet wurde der Begriff über das Militär: Kanonenkugeln landeten entweder als Treffer oder wurden als Fehlschuss bezeichnet. Sie verfehlten ihr Ziel. Diese Bedeutung hat sich über die Jahrhunderte beibehalten. Auch heute noch erleben wir als Fehler, was das Ziel bzw. das Richtige und Erstrebenswerte verfehlt.

Die Standarddefinition

Im Zuge mehrerer Qualitätsmanagement-Offensiven in den letzten Jahrzehnten rückte der Fehler in den Mittelpunkt der Betrachtungen. Unternehmen setzten sich zum Ziel, weniger Fehler zu machen, weniger Ausschuss zu produzieren und eine höhere Produktqualität zu gewährleisten. Normen wurden entwickelt, Prozesse definiert und Qualitätsstandards festgeschrieben. Die ISO 9000 hält fest: Ein Fehler ist ein „non-fulfillment of a requirement". Auf Deutsch lautet der internationale und branchenübergreifende Standard für die Fehlerdefinition: Ein Fehler ist die „Nichterfüllung einer Anforderung" (ISO 9000).

Wird die Anforderung nicht erfüllt, wird das Ziel nicht erreicht. Es handelt sich folglich um eine „Verfehlung", um einen Fehler.

Unterschiedliche Fehlerarten

Anforderungen beziehen sich auf unterschiedliche Aspekte.

- **Auf das Ergebnis:** Erfüllt das Ergebnis alle Anforderungen, wird Qualität gewährleistet. Erfüllt es eine bestimmte Anforderung nicht, handelt es sich dabei um einen Produktfehler. Produktfehler können nicht nur in Industrie und Handwerk auftreten, sondern auch in administrativen Bereichen bzw. im Dienstleistungssektor.

- **Auf das Vorgehen:** Entspricht das Vorgehen den Anforderungen, ist es gut und richtig, anderenfalls handelt es sich um einen Prozessfehler. Prozessfehler sind Arbeitsschritte und Methoden, die von der richtigen Durchführung bei der Erstellung von Produkten und Dienstleistungen abweichen.

- **Auf das Verhalten:** Erfüllt das Verhalten die Erwartungen, ist es in Ordnung; weicht es davon ab, wird es als Verhaltensfehler betrachtet. Verhaltensfehler sind Fehler, die im Auftreten der Person, in der Kommunikation und Kooperation vorkommen.

> Schärfen Sie Ihren Blick für unterschiedliche Fehlerarten. Fokussieren Sie nicht nur Produktfehler, sondern auch Prozess- und Verhaltensfehler. Erweitern Sie dadurch Ihr Fehlerbewusstsein.

Anhand der folgenden Tabelle können Sie prüfen, wie gut Ihnen die Zuordnung von Produkt-, Prozess- und Verhaltensfehlern gelingt. Tragen Sie für einen Produktfehler das Kürzel Pd, für einen Prozessfehler Pz und für einen Verhaltensfehler V ein.

Was ist passiert?	Fehlerart
1 Am Produktgehäuse befindet sich ein Kratzer.	
2 Der Azubi spricht sehr leise und unverständlich.	
3 Die Einkäuferin übersieht die rechtzeitige Nachbestellung.	
4 Der Verkäufer geht nicht auf die Kundenwünsche ein.	
5 Das Kontrolllämpchen leuchtet nicht.	
6 Die Hände werden vor der Untersuchung nicht desinfiziert.	
7 Die Führungskraft schreit den jungen Mitarbeiter an.	
8 Die Präsentation enthält veraltete Informationen.	
9 Die Akten werden im falschen Ordner abgelegt.	

Was ist passiert?	Fehlerart
10 In der Betriebskantine liegen vertrocknete Sandwiches.	
11 Das ärztliche Rezept enthält keine Dosisangaben für das Medikament.	
12 Die Auskunft des Steuerberaters entspricht nicht der Gesetzeslage.	
13 Die Laborergebnisse werden verwechselt.	
14 Das neue Programm wird vor dem Roll-out nicht getestet.	

Auflösung: 1 Pd, 2 V, 3 Pz, 4 Pz, 5 Pd, 6 Pz, 7 V, 8 Pd, 9 Pz, 10 Pd, 11 Pd, 12 Pd, 13 Pz, 14 Pz

Wenn Falsch und Richtig unklar sind

Anforderungen sind nicht immer so klar, wie sie sein sollten. In der Industrie sind sie meist detailliert für Produkte und Prozesse definiert, in der Verwaltung nur rudimentär. Im Verhalten hingegen stehen viele Anforderungen oft nur als unausgesprochene Erwartungen im Raum. Aber auch wenn sie unausgesprochen bleiben, bilden sie eine Messlatte, erfolgt eine Bewertung. Wenn das Verhalten unseren Vorstellungen entspricht, klassifizieren wir es als richtig, anderenfalls betrachten wir es als Fehlverhalten.

Um Klarheit und Orientierung für alle handelnden Personen zu schaffen, werden Anforderungen oftmals in Normen definiert, über Standards festgehalten und in Prozessen festgelegt. Dennoch ist häufig unklar, was richtig ist und was falsch. Was ein Fehler ist und was nicht, wird von verschiedenen Personen oft unterschiedlich bewertet.

Beispiel:

Die beiden Software-Spezialisten Harry und Chris sitzen spätnachts am PC und wollen zum Abschluss noch schnell eine Bahnfahrt buchen. Ein Meeting in einer entfernten Niederlassung ihres Hauptkunden steht an. Dabei entzündet sich ein Streit. Harry will Bahntickets für die 2. Klasse. Chris wendet ein: „Aber sieh doch mal. Hier gibt es eine Aktion mit einem Erste-Klasse-Ticket zum halben Preis. Statt 207 Euro in der 2. Klasse kostet das nur 129 Euro!" Harry: „Aber das können wir nicht machen. Du kennst ja die Vorgaben des Kunden: Nur Zweite-Klasse-Tickets!" Chris beharrt jedoch auf dem Aktions-Ticket: „Aber du siehst doch, das ist billiger!" Harry schüttelt vehement den Kopf: „Das dürfen wir nicht machen, das ist falsch. Wir müssen uns an die Reise-Richtlinien halten." „Nein, das siehst du falsch!", wirft Chris ein: „Das Erste-Klasse-Ticket ist doch viel billiger. Es wäre ein Fehler, die teurere Fahrkarte zu kaufen!" Überzeugt, richtig zu handeln, kauft sich jeder ein Ticket: Harry für die 2. und Chris für die 1. Klasse.

Doch was ist nun ein Fehler? Handelt es sich um einen Fehler, wenn man die Reise-Richtlinien verletzt? Oder handelt es sich um einen Fehler, wenn man regelkonform das teurere Ticket kauft?

Auch hier empfiehlt sich ein Blick auf die Anforderungen. Die Reise-Richtlinie ist eine klare Anforderung. Sie wurde erstellt, um allen Beteiligten Klarheit über das richtige Vorgehen bei Geschäftsreisen zu verschaffen. Von daher ist regelkonformes Verhalten auf jeden Fall richtig, zumindest auf den ersten

Blick. Doch was steckt hinter der Richtlinie? Weshalb wurde sie etabliert? Was ist das eigentliche Ziel? Hat also jemand, der die Reise-Richtlinie nicht einhält, sondern auf Kosteneinsparung achtet, das Ziel nicht besser getroffen und daher richtiger gehandelt?

Wir alle tun unser Bestes. Nach unserer Logik handeln wir richtig. Doch das heißt nicht, dass es andere auch so sehen, dass sie es aus ihrem Blickwinkel heraus auch als richtig beurteilen. Um Fehler zu vermeiden, ist es daher notwendig, Anforderungen, die nicht eindeutig festgelegt sind, zu klären.

> Klären Sie die Anforderungen. Beachten Sie dabei, dass Sie nicht nur die ausgesprochenen, sondern auch die unausgesprochenen Anforderungen erkennen. Nur dann haben Sie die Möglichkeit, richtig zu handeln, das Richtige zu machen.

Wer die Schuld trägt

Die Frage, was ein Fehler ist und was nicht, dürfte die Menschheit schon seit Jahrtausenden beschäftigen, ebenso wie die Frage nach Gut und Böse, Recht und Unrecht.

Der griechische Philosoph Aristoteles hat vor mehr als 2.000 Jahren bewusst zwischen den Begriffen Fehler und böser Tat unterschieden. Ein Fehler beruht seiner Ansicht nach nicht auf einer schlechten Absicht, eine böse Tat dagegen sehr wohl. Er stellt damit die Intention in den Mittelpunkt. Beim Fehler fehlt die schlechte Absicht. Aus dieser Differenzierung können wir folgende Schlussfolgerungen ableiten:

- **Ein Fehler passiert.** Ein Fehler ist häufig ein Vorfall, der einem passiert, der einem unterläuft. Ein Fehler ist daher oft ein Versehen, eine Fehlleistung.

- **Ein Fehler wird gemacht.** Ein Fehler ist mitunter auch eine Handlung, die man bewusst setzt, doch ohne deren negative Folgen zu beabsichtigen und im Glauben, es gut und richtig zu machen. Man handelt aufgrund eines Irrtums, einer Fehleinschätzung oder einer falschen Sichtweise, ohne darin einen Fehler zu erkennen.

- **Eine böse Tat wird verschuldet.** Eine böse Tat beruht auf einer schlechten Absicht. Man will den Schaden oder nimmt ihn zumindest billigend in Kauf und handelt daher vorsätzlich oder mit bedingtem Vorsatz und daher schuldhaft.

Wichtig für einen konstruktiven Umgang mit Fehlern ist daher eine klare Unterscheidung zwischen Fehlern, die passieren oder in vermeintlich guter Absicht gemacht werden, und bösen Taten andererseits.

Beispiel:

 Nicole arbeitet im öffentlichen Dienst. Ihre Aufgabe ist es, die Akten ihrer Kolleginnen zu überprüfen, Bearbeitungs- und Berechnungsfehler zu erkennen und die umgehende Korrektur zu veranlassen. Hierbei stößt sie auf gravierenden Widerstand. Wann immer sie ein Büro betritt, versteinern die Sachbearbeiterinnen. Nichtsdestotrotz bleibt sie ihrer Linie treu. Schonungslos legt sie dann los: „Du hast da einen Fehler verschuldet!" Dabei fuchtelt sie mit ihrem Zeigefinger. Binnen weniger Sekunden explodiert die Stimmung. Die Sachbearbeiterinnen wehren sich gegen die Behauptung, verteidigen ihr Vorgehen. Und wenn Nicole schon längst wieder aus dem Büro ist, dröhnt es noch immer in ihren Ohren: „schuldig...schuldig...schuldig...!"

Wer im Zusammenhang mit Fehlern von Schuld spricht, vermischt zwei verschiedene Kategorien: Fehler und böse Tat (Straftat). Doch nur bei Vorsatz kann von Schuld gesprochen werden. Somit enthält der häufig in Unternehmen ausgesprochene Satz „Der Mitarbeiter ist an dem Fehler schuld", einen gravierenden Denkfehler!

Wer anderen vorwirft, einen Fehler verschuldet zu haben, begibt sich in die Rolle des Anklägers. Er unterstellt ihnen schlechte Absicht. Er macht die anderen zu Angeklagten, beschuldigt sie einer bösen Tat. Und braucht sich daher nicht zu wundern, wenn sie die Schuld abstreiten oder von sich schieben. Er macht vielmehr selbst einen Fehler im Umgang mit Fehlern: einen Verhaltensfehler.

> Ein Fehler passiert, er wird gemacht, er wird auch verursacht oder es unterläuft einem ein Fehler. Aber er wird nicht verschuldet. Nur eine böse Tat wird verschuldet, nur sie wird vorsätzlich bzw. bedingt vorsätzlich begangen.

Was eine gute Fehlerkultur auszeichnet

Im Amerikanischen gibt es einen Begriff, für den wir kein deutsches Äquivalent haben: Blame Culture. Darunter versteht man eine „Kultur", in der Fehler als Blamage erlebt werden, in der Fehlerverursacher blamiert und bloßgestellt werden, in der man mit dem Finger auf Fehlerverursacher zeigt, sie im schlechten Licht dastehen lässt, schlecht über sie redet etc. Eine Blame Culture ist daher der Inbegriff für einen schlechten Umgang mit Fehlern und Fehlerverursachern, eine schlechte bzw. negative Fehlerkultur. Doch wenn wir auch keinen deutschen Begriff dafür haben, dieses destruktive Verhalten gibt es auch bei uns. Aus diesem Grund lohnt es, sich die problematischen Aspekte der Blame Culture sowie die Charakteristika für einen guten Umgang mit Fehlern vor Augen zu führen.

Von der Blame Culture zu einer positiven Fehlerkultur

Eine gute und konstruktive Fehlerkultur bekommt man nicht geschenkt. Sie ist vielmehr ein Ergebnis, das auf einer respektvollen und wertschätzenden Haltung anderen gegenüber sowie einem konstruktiven und kooperativen Verhalten basiert. Vier Aspekte sind dabei besonders wichtig.

Faktor Nr. 1: Ursachen statt Schuldige suchen

In einer positiven Fehlerkultur wird nicht nach Schuldigen gesucht, sondern nach Ursachen. Dafür ist ein Blickwechsel erforderlich. Statt Personen zu fokussieren, sieht man auf die Sache.

Schuldigensuche	Ursachensuche
▪ Wer hat das gemacht?	▪ Wie ist das passiert?
▪ Wer hat das verschuldet?	▪ Was alles hat zum Fehler geführt?
▪ Wer hat das verbockt?	▪ Was sind die Ursachen?

Faktor Nr. 2: auf Verbesserung statt Strafe abzielen

In einer konstruktiven Fehlerkultur geht es nicht um Bestrafung. Man schwingt sich nicht zum Richter auf, der Urteile über Schuldige verhängt. Man verlangt nicht nach Strafen, sondern Verbesserungen. Der Fokus verschiebt sich von der Buße zur Lösung.

Bestrafung	Verbesserung
■ Das wird dir noch leidtun! ■ Das wird Folgen haben! ■ Das gibt eine Abmahnung!	■ Was können wir besser machen? ■ Wie können wir den Fehler abstellen? ■ Wie können wir eine Fehlerwiederholung verhindern?

Faktor Nr. 3: ruhig und sachlich statt emotional reagieren

In einer guten Fehlerkultur wird Fehlern nicht mit negativen Emotionen begegnet. Wutausbrüche, Schreien und Vorwürfe erweisen sich als kontraproduktiv. Daher achtet man auf einen ruhigen und sachlichen Umgangston und klärt die Probleme auf der Sachebene.

Negative Emotion	Sachliches Vorgehen
■ Hast du Tomaten auf den Augen?! ■ Sie bringen mich auf die Palme! ■ Sie haben eine Sch...-Arbeit abgeliefert.	■ Da ist ein Fehler passiert. ■ Das Verhalten entspricht nicht den Anforderungen. ■ Die Arbeit enthält folgende Mängel: ...

Faktor Nr. 4: vom Gegeneinander zum Miteinander

Eine konstruktive Fehlerkultur zeichnet sich durch einen respektvollen Umgang mit anderen aus – auch wenn ihnen ein Fehler passiert ist. Man begegnet ihnen auf Augenhöhe, zeigt Verständnis, dass Fehler passieren können und drückt Zuversicht aus, dass man gemeinsam daraus lernt.

Gegeneinander	Miteinander
• Du Vollidiot! • Sie haben versagt! • Jetzt sollten Sie sich schleunigst eine Lösung überlegen!	• Das ist mir auch schon mal passiert! • Ich bin mir sicher, dass Sie daraus lernen. • Wir finden sicher eine gute Lösung!

Regeln für eine positive Fehlerkultur

Suchen Sie nicht Schuldige und gehen Sie nicht auf die persönliche Ebene, sondern forschen Sie nach den Ursachen.

- Verzichten Sie auf Sündenböcke, lassen Sie Schuld und Sühne sein, gehen Sie lösungsorientiert vor und suchen Sie gemeinsam nach Verbesserungen.

- Vermeiden Sie Blamage und Gesichtsverlust; achten Sie vielmehr auf eine gute Kooperation und ein konstruktives gemeinsames Vorgehen.

- Lassen Sie Ihren Ärger nicht an anderen aus, verzichten Sie auf Kopfwäsche, zeigen Sie vielmehr Verständnis, dass Fehler passieren; vermitteln Sie Unterstützung und Zuversicht.

Kooperativer Umgang mit Fehlern

Der Begriff Fehlerkultur bezeichnet die Art und Weise, wie die Menschen einer Organisation mit Fehlern umgehen. Man legt unausgesprochen oder ausgesprochen fest, wie ein Fehler betrachtet und bewertet wird, wie mit Fehlerverursachern und den Fehlern selbst umgegangen wird. Das kann mehr oder weniger positiv sein, mehr oder weniger konstruktiv.

Beispiel:

Jana, die gerade eine Ausbildung zur Elektroinstallateurin macht, blickt auf ihre Schulzeit zurück: „Bei uns in der Schule haben Fehler kaum eine Rolle gespielt. Wir konnten zu spät kommen und niemand hat etwas gesagt; wir haben keine Hausaufgaben gemacht und nur das Allernötigste gelernt. Das war den Lehrern auch ziemlich egal. Im Rückblick betrachtet haben wir – Schüler wie Lehrer – Fehler viel zu wenig ernst genommen."

Dann denkt Jana über die Fehlerkultur in der Firma nach, in der sie seit einem Jahr als Auszubildende tätig ist: „Das erste Jahr als Azubi war alles andere als leicht. Ich musste mich grundlegend umstellen. Plötzlich wurde mir bewusst, dass Zu-spät-Kommen Kosten und Mühen verursacht und dass Fehler großen Schaden anrichten können. Ich wurde angehalten, Fehler aufzuzeigen und aus ihnen zu lernen. Alle haben darauf geachtet, dass die gleichen Fehler nicht immer und immer wieder vorkommen. Das alles ist mir anfangs ganz schön schwer gefallen und war eine große Veränderung für mich!"

Jede soziale Einheit entwickelt ihre eigene Fehlerkultur: Klassen, Schulen, Familien, Freundeskreise, Vereine, Unternehmen. Die konkrete Fehlerkultur ist dabei das zufällige Ergebnis des langjährigen Zusammenwirkens ihrer unterschiedlichen Mitglieder. Mal ist sie destruktiv, mal mehr, mal weniger konstruktiv. Immer mehr Organisationen entschließen sich mittlerweile, die Fehlerkultur nicht dem Zufall zu überlassen, sondern bewusst zu gestalten.

Nicht jede Organisation profitiert von derselben Fehlerkultur. Die nach außen sichtbare Fehlerkultur der Medien ist geprägt von Personalisierung und Emotionalisierung. Der Presse wie den Sendern bringt sie hohe Auflagen und Einschaltquoten. Auch die Politik lebt vom sogenannten Naming, Blaming und Shaming, profitiert von Schuldzuweisungen und vom Köpfe-Rollen.

Diese Vorgehensweise passt jedoch nicht für Organisationen, die auf Kooperation basieren. Da erweist sich eine Blame Culture als kontraproduktiv. Sie verhindert einen offenen Umgang mit Fehlern. Fehler werden dann verschwiegen bzw. vertuscht. Sie bleiben lange unentdeckt und verursachen damit weitere Fehlerfolgen. Werden sie spät, aber doch sichtbar, werden Schuldige gesucht und Exempel statuiert. Die Suche nach Ursachen und Lösungen unterbleibt, Lernen aus Fehlern findet nicht statt. Das führt schnell zur Katastrophe.

> Wo auch immer Menschen auf lange Sicht zusammenleben oder zusammenarbeiten, wo Kooperation nötig ist, wo man an langfristigen Erfolgen und nachhaltigen Ergebnissen interessiert ist, braucht es eine konstruktive Fehlerkultur.

Wie man aus Schaden klug wird

Auch im Rahmen einer guten Fehlerkultur freut sich niemand über Fehler. Niemand schreit Hurra, wenn sie passieren – schon gar nicht im deutschsprachigen Raum. Fehler sind uns unangenehm. Sie sind uns peinlich. Das gilt erst recht, wenn sie publik werden.

Fehler haben bei uns einen Makel. Wir erleben sie schnell als Versagen. Dabei haben sie nicht nur eine negative, sondern auch eine positive Seite. Aber diese wird uns häufig erst im Nachhinein bewusst.

Beispiel:

Sepp ist Weinbauer. Er erinnert sich noch gut an den Weinskandal, der Österreich und den Rest der Welt Mitte der 1980er-Jahre erschüttert hat: „Wir wussten alle schon lange, dass da gepantscht wurde. Aber es hat halt niemand etwas gesagt. Da war so eine Höllenangst, dass wir den Weinmarkt ruinieren, wenn das rauskommt!" Er stockt: „Und es hat sagenhaft geknallt, als aufgeflogen ist, dass einige Weinbauern mit Frostschutzmitteln in großem Maßstab aus billigem Tafelwein teuren Qualitätswein gezaubert haben." Sepp lässt den Blick aus dem Panoramafenster der Vinothek über die Weinberge gleiten: „Die nächsten Jahre waren schrecklich: Wir blieben auf riesigen Wein-Seen sitzen. Österreichischer Wein war unverkäuflich. Zahlreiche Weinbauern gingen bankrott. Damals war das eine Katastrophe. Und dann hat man auch noch das strengste Weingesetz der Welt eingeführt, mit massiven Kontrollen. Wir dachten alle, das ist das Ende der österreichischen Weinwirtschaft. Aber mit etwas Abstand sieht das jetzt ganz anders aus", sagt er stolz und greift zu einer edlen Flasche im Regal. „Sieh nur, die Bouteille kostet jetzt wesentlich mehr als damals ein Doppler (*Doppelliter*)! Das ist ein schöner Wein – ein Spitzenwein! Den exportieren wir nicht nur in die besten Hotels und Restaurants in Wien, sondern auch nach New York und Tokio."

Der Umgang mit den Fehlern erfolgte über lange Zeit im schlechten Stil der Blame Culture: erst nicht wahrhaben wollen und totschweigen, dann leugnen, kleinreden und mit den

Fingern auf üble Praktiken im Ausland zeigen. Doch das half alles nichts. Millionen Liter Giftwein wurden beschlagnahmt, Winzer verhaftet, die Einfuhr österreichischer Weine in viele Länder wie USA und Japan verboten. Unter dem strengen Blick der gesamten Welt blieb der Weinwirtschaft nichts anderes übrig, als sich mit der Problematik zu beschäftigen. Nicht nur die österreichischen Weinbauern, auch die österreichischen Politiker mussten zwangsläufig aus dem Fehler lernen und radikale Maßnahmen folgen lassen. Doch der Mut zur Konsequenz hat sich ausgezahlt. Dank einer massiven Strukturbereinigung, einer strikten Gesetzgebung und scharfer Kontrollen sowie einem neuen Qualitätsbewusstsein hat sich der österreichische Wein erneut gewandelt – vom sauren Tropfen bzw. ungesunden Chemie-Cocktail zum exklusiven Spitzenwein.

Werden kritische Fehler negiert und der weitere Fehlerverlauf nicht gestoppt, steigen die Fehlerkosten. Erfolgt jedoch ein konstruktiver Umgang mit Fehlern, entwickeln sie sich zur Chance.

Fehler als Chance

Beispiele, in denen sich Fehler als Chance entpuppen, gibt es viele, insbesondere aus dem Bereich Innovationsmanagement. In Forschung und Entwicklung kommen viele Fehler vor, die sich bei genauerer Betrachtung als äußerst nützlich darstellen. Nicht immer wird das Ziel erreicht und dennoch erweist sich der Fehlschlag oft als Segen.

Beispiel:

Die Chemiker von 3M haben das vorgegebene Ziel, einen Super-
kleber zu entwickeln, grundsätzlich verfehlt. Heraus kam nicht
nur ein seltsamer Kleber, der zwar haftete, aber sich auch wieder
ablösen ließ, sondern die Erfolgsgeschichte der kleinen Merkzet-
telchen namens Post-it.

Ein als Kreislaufmedikament entwickeltes Präparat erfüllte nicht
die Anforderungen des Pharma-Konzerns, da es keine nennens-
werten Wirkungen auf den Kreislauf hatte. Die Testpersonen ent-
hüllten jedoch eine überraschende Nebenwirkung. Seitdem hat
das gescheiterte Mittel als Viagra mehrere Milliarden in die Kas-
sen der Firma Pfizer gespült.

In diesem Ratgeber geht es jedoch nicht um kreative und
innovative Fehler. Sie sind ein eigenes Thema. Hier geht es um
Fehler, die im (Arbeits-)Alltag passieren – kleine und große,
unkritische und kritische, billige und teure Fehler. Fehler, die
erst einmal niemanden erfreuen, die lästig sind, die man am
liebsten wegschieben oder vergessen würde. Doch auch hier
lohnt sich die Beschäftigung damit, lohnt sich ein konstruktiver Umgang. Auch sie bringen einen Nutzen, eine Erkenntnis.
Aus Schaden kann man klug werden und Verbesserungen
entwickeln.

Das Beste daraus machen

Ob man es will oder nicht, Fehler passieren. Ob man sie ver-
bietet oder nicht, sie treten dennoch auf. Sie sind ein Faktum.
Es lohnt, sich mit der Tatsache abzufinden: Wo gehobelt wird,
da fallen Späne. Fehler als Tatsache zu akzeptieren, heißt
jedoch nicht, sich mit dem Wiederauftreten von immer gleichen Wiederholfehlern abzufinden.

Es braucht einen offenen Umgang mit Fehlern, damit sie erkannt, besprochen und gemeinsam gelöst werden. Das Lernen aus Fehlern ist wichtig, damit Wiederholfehler verhindert werden können. Unternehmen, die Fehler als Chance begreifen und eine gute Fehlerkultur pflegen, profitieren davon in vielerlei Hinsicht.

Ihr Nutzen:

- **Hohe Arbeitszufriedenheit:** Der Umgang mit Fehlern ist offen, sowohl zwischen KollegInnen als auch zwischen MitarbeiterInnen und Führungskräften. Es gibt Verständnis, dass Fehler passieren und einen respektvollen Umgang mit Fehlerverursachern. Angst vor Fehlern erübrigt sich.

- **Hohe Arbeitssicherheit:** Ein hohes Fehlerbewusstsein schafft einen klaren Blick für Unfallrisiken. Die Vermeidung von Unfällen hat hohen Stellenwert. Selbst kleine Beinahe-Unfälle werden ernst genommen und als Chance für Verbesserungen genützt. Arbeitsunfälle werden vermieden.

- **Hohe Qualität:** MitarbeiterInnen wie Führungskräfte verfügen über ein hohes Qualitätsbewusstsein, über Sorgfalt und Regeltreue. Fehler werden rasch erkannt, verlässlich aufgezeigt und gemeinsam bearbeitet. Es werden nachhaltige Abstellmaßnahmen und eine Fehlerprävention entwickelt.

- **Hohe Produktivität:** Ausschusskosten und Nacharbeiten werden durch nachhaltige Korrektur- und Vorbeugemaßnahmen schrittweise reduziert. Prozesse werden kontinuierlich verbessert. Die Arbeit läuft gut und einfach, Ziele werden leicht erreicht.

- **Hohe Wettbewerbsfähigkeit:** Fehler werden bereits in der Firma erkannt und bewältigt, sie dringen nicht nach draußen. Die KundInnen sind mit der Qualität zufrieden, das Image ist gut. Das Unternehmen ist produktiv und konkurrenzfähig; die Arbeitsplätze sind sicher.

> Ein guter Umgang mit Fehlern stellt sicher, dass sowohl der Umgang mit Fehlerverursachern positiv und wertschätzend erfolgt, als auch der Umgang mit dem Fehler, das Erarbeiten von Ursachen und Verbesserungen, das gemeinsame Lernen aus dem Fehler – damit man aus einem Schaden auch klug wird.

Von einer guten Fehlerkultur in Unternehmen profitieren alle Beteiligten: MitarbeiterInnen wie Führungskräfte, das Management, das Unternehmen und natürlich auch die Kunden.

Auf einen Blick: Was Fehler bedeuten

- Ein Fehler ist nach der Definition im Qualitätsmanagement die Nichterfüllung einer Anforderung.

- Fehler passieren versehentlich oder werden irrtümlich gemacht. Sie entstehen ohne böse Absicht.

- In einer Blame Culture werden Schuldige gesucht und Sündenböcke zur Schlachtbank geführt. In einer konstruktiven Fehlerkultur werden Ursachen analysiert und Verbesserungen erarbeitet. Man bekämpft nicht den Fehlerverursacher, sondern den Fehler. Man lernt gemeinsam aus dem Fehler.

- Fehler zeigen Defizite auf. Ein guter Umgang mit ihnen bietet die Grundlage für die Weiterentwicklung der eigenen Person, des Teams oder der Organisation.

Wenn ein Fehler passiert

Fehler passieren. Sie einfach zu ignorieren oder unter den Teppich zu kehren, kann nicht nur teuer werden, sondern auch zu Katastrophen führen.

In diesem Kapitel erfahren Sie,

- weshalb die Vertuschung von Fehlern gefährlich ist,
- warum sich Fehlermeldungen, auch wenn sie schwer sind, für alle lohnen,
- wie Sie als Führungskraft mit Ihrem Ärger über Fehler richtig umgehen,
- wie Sie auf schlechte Nachrichten gut reagieren.

Warum wir Fehler gerne verschweigen

Fehler erleben wir schnell als Makel. Statt als Versager da zu stehen, möchten wir als kompetente und souveräne Persönlichkeiten wahrgenommen werden. Ja, die anderen machen Fehler. Aber wir selbst doch nicht! Doch was passiert, wenn uns ein Fehler passiert – und noch dazu ein gravierender? Wie gehen wir dann damit um?

Beispiel:

Willi ist schon seit mehr als zehn Jahren Staplerfahrer in einem großen Produktionsbetrieb. Die Auftragslage ist sehr gut. Es wird Tag und Nacht produziert. Er arbeitet gerne allein und legt größten Wert darauf, dass alle Materialien zeitgerecht am richtigen Ort eintreffen und alle Fertigteile schnell abgeliefert werden.

Als er kurz nach Mitternacht mit einer Ladung Kisten um die Ecke zischt und in die Produktionshalle einbiegt, ist er ein wenig zu schnell. Er merkt, wie ihm die Kurve zu eng wird, wie die Fliehkräfte das Fahrzeug nach außen ziehen. Schnell bremst er, doch schon spürt er den Aufprall, hört ein Knirschen. Erschrocken hält er den Stapler an und rangiert zurück. „Glück gehabt!", denkt er sich. Der Stapler hat nur ein paar kleine Kratzer im Lack. Auch der Schaden am Laufband ist minimal: Das Abdeckblech am Rand ist zwar etwas eingedellt, aber mit ein bisschen Muskelkraft ist das schnell behoben. Bei der Schichtübergabe schweigt er über den Vorfall. Wegen so einer Lappalie will er doch keinen Aufwand betreiben. Außerdem vermeidet er gerne Schreibkram und so einen Unfallbericht findet er wirklich überflüssig – zumal der Stapler ohnehin schon jede Menge Kratzer hat.

Wenige Tage danach hat Willi die Sache schon vergessen. Niemandem ist etwas aufgefallen. Als mehrere Wochen nach dem Vorfall die Kundenreklamationen schlagartig nach oben schnellen, sind die Meister in der Werkshalle irritiert. Sie können sich nicht erklären, woher der Einbruch bei der Produktionsqualität kommt. Sofort wird die weitere Produktion eingestellt und ein Expertenteam macht sich auf die Fehlersuche. Als Ursache findet man eine kleine scharfe Kante am Laufband, deren Entstehung man sich nicht erklären kann.

Willi, der fleißig weiter Nacht für Nacht seine Fuhren fährt, hat von der wochenlangen Aufregung in der Fertigung nichts mitbekommen. So hat er auch nicht erfahren, dass sich der Gesamtschaden seines nächtlichen Unfalls auf 1,7 Mio. Euro beläuft.

Wir fragen uns, warum Willi über seinen (Fahr)Fehler hinweggegangen ist, warum er keinen Unfallbericht verfasst hat, warum er seinem Lagerchef nicht von dem Vorfall erzählt hat und warum er die Angelegenheit vor seinen Kollegen geheim gehalten hat. Was mag ihn nur dazu bewogen haben?

Fehler kratzen an unserem Ego. Sie erschüttern unser Selbstbild und lösen Ängste und Widerstände aus. Es gibt viele Gründe, warum Fehler nicht gemeldet werden.

- **Scheinbare Geringfügigkeit:** Manche melden einen Fehler nicht, weil sie ihn als unbedeutend einstufen und daher eine Meldung für belanglos erachten. Sie wollen niemanden mit Kleinkram belasten.

- **Vermeintliche Erledigung:** Manche melden Fehler nicht, weil sie selbst bereits ein paar Maßnahmen ergriffen haben, um den Fehler zu korrigieren. Die Angelegenheit erscheint ihnen damit beendet.

- **Mangelndes Bewusstsein bzw. Ignoranz:** Manche unterlassen Fehlermeldungen, weil sie ihnen unwichtig erscheinen bzw. sie darin keinen Nutzen sehen. Sie verzichten auf „Bürokratismus" und scheinbar überflüssigen Arbeitsaufwand.

- **Geringes Selbstbewusstsein und Scham:** Einigen sind Fehler peinlich. Es ist ihnen unangenehm, sie zuzugeben. Sie genieren sich und versuchen, durch Schweigen möglicherweise unangenehmen Gesprächen zu entkommen.

- **Angst vor sozialen Konsequenzen:** Manche fürchten sich vor negativen emotionalen Reaktionen ihres Umfelds. Sie fürchten Spott und Hohn durch ihre KollegInnen oder die enttäuschten bzw. wütenden Blicke ihrer Führungskraft. So manche blockiert auch die Angst vor einer Kopfwäsche durch den Chef.

- **Angst vor finanziellen Konsequenzen:** Einige vermeiden Fehlermeldungen, weil sie befürchten, dass sie für den Schaden aufkommen müssen, dass sich dieser auf ihre Jahresprämie, eine Gehaltserhöhung oder Beförderung negativ auswirken könnte.

- **Angst vor arbeitsrechtlichen Konsequenzen:** Wieder andere erstatten keine Fehlermeldungen, weil sie Abmahnungen oder Kündigungen fürchten. Sie haben Sorge, dass das Bekanntwerden der Fehler ihren Arbeitsplatz gefährden könnte.

- **Zusätzlicher Arbeitsaufwand:** Einige unterlassen Fehlermeldungen, weil diese mitunter zu zusätzlichen Arbeitsaufgaben führen. Sie versuchen, Fehlerdokumentationen sowie eine systematische Fehlerbearbeitung mittels Ursachenanalyse und Korrekturmaßnahmen zu umgehen.

- **Zielkonflikte:** Manche verzichten auf Fehlermeldungen, um damit Team- oder Abteilungsziele nicht zu gefährden. Sie wollen z. B. ein Ansteigen der (offiziellen) Ausschusskennzahlen verhindern, die Nacharbeitszeiten gering und damit die scheinbaren Produktivitätskennzahlen hoch halten oder die vorgegebenen Lieferzeiten nicht gefährden.

> Fehleroffenheit ist die Königsdisziplin im Umgang mit Fehlern. Doch oft stehen allzu menschliche Emotionen wie Scham, Unsicherheit, Selbstzweifel und Ängste dem Offenlegen von Fehlern entgegen. Menschen neigen daher dazu, „gute Gründe" zu finden, um einen Fehler zu verschweigen oder zu verheimlichen. Das ist jedoch kurzfristig gedacht. Langfristig führt es oft zu einer Verschlimmerung der Situation.

Was Fehler kosten

Fehler verursachen Kosten, die je nach Einzelfall unterschiedlich hoch sind. Das ist keine Neuigkeit und uns allen bewusst.

Beispiel:

 Eine Vase „Made in China" verursacht, wenn sie vom Schreibtisch fällt, ein paar Euro an Kosten für die Ersatzvase. Geht dagegen eine Vase der Ming-Dynastie zu Bruch, zieht das einen Millionenschaden nach sich.

Erstaunlicherweise kann jedoch ein und derselbe Fehler wenig oder auch viel kosten.

Direkte und indirekte Fehlerkosten

Im Qualitätsmanagement unterscheidet man direkte und indirekte Fehlerkosten. Die direkten Fehlerkosten (Ausschusskosten) machen nur einen geringen Teil der Fehlerkosten aus. Die indirekten Fehlerkosten verursachen den weitaus größeren Kostenteil.

Zu den indirekten Fehlerkosten zählen die internen Fehlerkosten für Nacharbeit, erneute Prüfung und Lieferverzug, sofern der Fehler innerhalb der Firma entdeckt wurde, sowie die externen Fehlerkosten, die entstehen, wenn erst der Kunde den Fehler bemerkt. Dazu gehören u. a. Gewährleistungskosten, ein Imageschaden, der Verlust von Kunden und Marktanteilen.

Die Entwicklung der Fehlerkosten können wir an einem spektakulären Beinahe-Absturz nachvollziehen, der durch die Weltpresse ging.

Beispiel:

Am 4. November 2010 explodierte bei einem Qantas-Flug mit dem Riesen-Airbus A380 eines der vier Triebwerke. Ausgelöst durch einen Ölbrand durchschlugen Triebwerksteile das Triebwerk sowie die Tragfläche und beschädigten zentrale Steuer- und Versorgungsleitungen. Ein Triebwerk fing Feuer, das zweite fiel aus. Schwer beschädigt steuerte man den Flughafen Singapur an. Doch auch das Notablassventil war beschädigt, der Treibstoff konnte nicht abgelassen werden. Dadurch wurde das maximale Landegewicht um 50 Tonnen überschritten und die Landung musste mit 10 Tonnen Gewichtsunterschied zwischen den Tragflächen in seitlicher Schieflage erfolgen. Die schwere Maschine drohte über die Landebahn hinauszuschießen. Es grenzte an ein Wunder, dass den Piloten der australischen Airline die Landung

> glückte. Alle 440 Passagiere und die 29 Personen umfassende Crew konnten das Flugzeug heil verlassen. Ihr Leben hing jedoch an einem überaus dünnen seidenen Faden.
>
> Später wurde die Unfallursache festgestellt: Eine kleine Ölleitung wies einen Mangel auf. Die Bohrung war nicht zentrisch erfolgt und hatte zu einem Ermüdungsbruch geführt.

Das Beispiel verdeutlicht: Werden Fehler nicht erkannt bzw. nicht behoben, können selbst aus scheinbar kleinen Fehlern gravierende Kosten und Sicherheitsrisiken entstehen.

Die Zehner-Regel

Fehlerforscher haben aufgezeigt, dass die Kosten, die ein Fehler verursacht, mit der Zeit steigen. Je später ein Fehler erkannt wird, desto höher sind die Kosten.

Die Theorie besagt: Fehlerkosten steigen in Zehnerpotenzen. Diese Erkenntnis wurde daher auch als Zehner-Regel bekannt. Wird ein Fehler gleich bei seiner Entstehung erkannt und behoben, betragen die Fehlerkosten 1 Einheit. Mit jedem weiteren Prozessschritt steigen die Kosten um eine Zehner-Potenz. Während der Weiterbearbeitung in der Produktion erhöhen sie sich auf 10 Einheiten, bei der Endprüfung auf 100 Einheiten und nach der Markteinführung durch den damit ausgelösten Imageschaden und aufwendige Rückruf- und Nachbesserungsaktionen auf 1.000 Einheiten.

Doch was heißt das in der Praxis? Welcher Schaden ist, wenn auch letztlich alle 469 Menschen mit heiler Haut davongekommen sind, dennoch für den Triebwerkshersteller entstanden? Was hat der Beinahe-Absturz des Riesen-Jumbos gekostet?

Beispiel:

Den Fehler nicht zu beheben, hat das Unternehmen ein Vermögen gekostet. Anstelle von wenigen Hundert Dollar an direkten Fehlerkosten, d.h. Material- und Bearbeitungskosten, die bei der sofortigen Fehlerbehebung angefallen wären, beliefen sich nach dem Unglück allein die Reparaturkosten an der beschädigten Maschine auf etwa 100 Mio. Dollar. Das entspricht bei einer A 380 etwa einem Drittel des Neupreises. Zusätzlich sind die indirekten Fehlerkosten explodiert: Der Hersteller musste 70 Mio. Dollar an Schadenersatz an die betroffene Fluglinie Qantas leisten. Dazu addieren sich der unermessliche Imageschaden durch die weltweiten und jahrelangen Berichterstattungen sowie die damit einhergehenden Umsatzeinbußen.

Dennoch war hier viel Glück im Spiel: Hunderte Menschen hätten beinahe ihr Leben verloren und tausende Angehörige ihre Partner, Kinder, Eltern. Zudem wären bei einem Absturz mit Todesopfern noch jahrelange Rechtsstreitigkeiten und Schadenersatzzahlungen angefallen. Und das alles wegen einer Ölleitung, die in der Herstellung keine 100 Dollar kostet.

Die Fehlerkostenkurve

Die Fehlerkosten lassen sich anhand der Fehlerkostenkurve verdeutlichen.

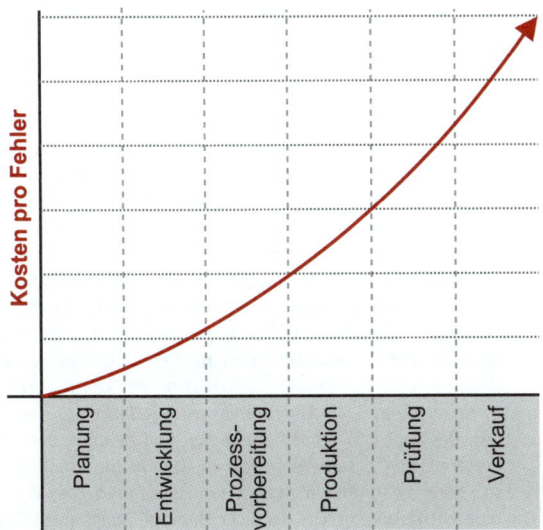

Fehlerkostenkurve

Bei den exponentiell ansteigenden Kosten handelt es sich jedoch nicht nur um direkte Kosten wie Ausschuss-, Nacharbeits- oder Reparaturkosten. Die Ingenieure Schirmer und Breun stellen fest, dass in der Industrie jeder Million an Gewährleistungskosten durchschnittlich weitere fünf Millionen an entgangenen Umsätzen durch unzufriedene, verlorene oder nicht gewonnene Kunden folgen sowie eine weitere Million an Prozesskosten.

Vielleicht atmen Sie nun erleichtert auf, weil Sie nicht im produzierenden Gewerbe tätig sind. Wie viele andere, die in administrativen Berufen aktiv sind, haben Sie vielleicht noch nie von Ausschuss-, Nacharbeits- und Gewährleistungskosten gehört. Doch Fehler führen leider auch in anderen Bereichen zu Kosten und Folgekosten.

Beispiel:

> Martina ist Abteilungsleiterin in der Buchhaltung. Sie führt ein kleines Team mit fünf Mitarbeiterinnen. Sie blickt zurück und seufzt: „Als Erstes ist uns eine erfahrene Fachkraft ausgefallen. Sie ist nach monatelangem Krankenstand überraschend in die Frühpension gegangen. Wir waren alle schon am Limit, weil wir alle ihr Pensum mitgetragen haben. Daher habe ich auch gleich die erste Bewerberin genommen und eingestellt. Die Probezeit verlief mit gemischten Gefühlen. Da dachte ich noch, es wird schon werden. Doch die Probleme häuften sich: Anfangs hat die Neue viele Fehler gemacht, ich musste viel kontrollieren und korrigieren, das Team konnte nur wenig Aufgaben an sie abgeben. Die Neue war schnell überfordert und ist unter dem Stress immer wieder zusammengebrochen, war häufig krank. Da hat sich dann auch Ärger im Team zusammengebraut. Eine Mitarbeiterin entwickelte bereits deutliche Burnout-Symptome. Wir hatten erst Teamentwicklung und dann Konfliktcoaching. Letztendlich musste ich erkennen, dass mir ein Fehler passiert ist. Ich habe eine ungeeignete Mitarbeiterin eingestellt. Ich habe meine falsche Entscheidung kleingeredet und auf Besserung gehofft. Ich habe nicht angemessen darauf reagiert. Mein Fehler hat folglich uns alle viel Geld, Zeit und Nerven gekostet!"

Das Beispiel zeigt: Auch im administrativen Bereich verursachen Fehler Kosten und Folgekosten. Bei Fehlern, die übergangen werden – z. B. wenn eine Fehlentscheidung nicht korrigiert wird – potenzieren sich mit der Zeit die Kosten. Neben den anfallenden Korrekturkosten, wie hier z. B. Kündigung, neue Personalsuche und erneute Einarbeitung, steigen die Folgekosten massiv an, u. a. hier durch zunehmende Mehrbelastung der Teammitglieder, vermehrte Überstunden, krankheitsbedingte Ausfälle, verringerte Produktivität, externe Beratung. Ohne das sofortige Stoppen der Fehlerkurve durch das Erkennen und Beheben des Fehlers können auch noch weitere indirekte Fehlerkosten entstehen, hier z. B. durch das Mobbing gegenüber der Neuen, Burnout beim Stammteam, (emotionale) Kündigung der kompetentesten Teammitglieder sowie deutliche Qualitätsverschlechterung und damit langfristig der Verlust von Kunden.

Warum Fehlermeldungen wichtig sind

Wir fragen uns: Handelt es sich bei dem kritischen Zwischenfall mit der A 380 um einen Fehler, den niemand erkannt hat? Der einfach durchgerutscht ist trotz der zahlreichen strengen Kontrollen? Hat man also einfach Pech gehabt? Oder hat den Fehler womöglich keiner aufgezeigt? Hat man die Kritikalität des Fehlers falsch eingeschätzt? Warum hat man keine umgehenden Abstellmaßnahmen getroffen?

Die Antwort ist erschreckend: Der Fehler war schon lange bekannt. Die EASA, die European Aviation Safety Agency, hatte vor den Problemen an dem Triebwerkstyp, mit dem sich dann auch der Zwischenfall ereignete, schon Monate vor der Beinahe-Katastrophe gewarnt. Der Fehler bei der Bohrung ist nun mal passiert. Die exorbitanten Fehlerfolgekosten und der lebensgefährliche Zwischenfall hätten jedoch vermieden werden können.

> Je früher Fehler erkannt und behoben werden, desto geringer sind die Fehlerkosten und die Sicherheitsrisiken.

Ein verantwortungsbewusster Umgang mit Fehlern reduziert die Fehlerkosten. Die Fehlermeldung, also das Aufzeigen des Fehlers, ist dabei der zentrale Kernpunkt. Nur wenn ein Fehler den Verantwortlichen zur Kenntnis gebracht wird, kann auch eine Fehlerbearbeitung erfolgen.

Mit offenen Augen und wachem Verstand

Das Erkennen von Fehlern, das richtige Einschätzen der Kritikalität und das Wissen über Fehlerfolgen beruhen auf einem scharfen Blick und einem wachen Verstand. Doch das ist noch lange nicht ausreichend. Notwendig ist auch eine große Offenheit in der Kommunikation: Das Ansprechen und Aufzeigen von kritischen Fehlern ist notwendig, um den weiteren Fehlerverlauf zu stoppen und die Fehlerbearbeitung einzuleiten. Schweigen kostet Zeit, Geld und mitunter Menschenleben. Auch Unwissenheit, Gleichgültigkeit und Leichtsinn sind gravierende Risikofaktoren.

Doch Fehleroffenheit ist nicht leicht. Wir denken vielleicht: „Ach was, wir arbeiten in einem Bereich, in dem Fehler keine gravierenden Folgen haben, in dem Sicherheitsrisiken nicht relevant sind." So können wir uns schnell über unsere Verantwortung hinwegtäuschen.

Fehleroffenheit ist wichtig bei allen Fehlern, die bereits erfolgt sind oder die noch nicht eingetreten sind, aber bereits spürbar werden:

- wenn man den Zentralschlüssel verloren hat
- wenn man eine Falschauskunft gegeben hat

- wenn man eine Reparatur falsch durchgeführt hat
- wenn man eine falsche Diagnose getroffen hat
- wenn man Medikamente verwechselt hat
- wenn man die Bestellung der Materialien versäumt hat
- wenn man die Bilanz nicht rechtzeitig fertigstellen kann
- wenn der Verlust eines wichtigen Kunden droht
- wenn eine Versuchsreihe zu scheitern droht
- wenn ein Beinahe-Unfall passiert ist

Sind Sie offen für Fehler?

Anhand der folgenden Fragen können Sie testen, ob Sie über Fehleroffenheit verfügen.

	Ja	Nein
- Verfügen Sie über ein ausgeprägtes Fehlerbewusstsein?		
- Haben Sie in Ihrem Aufgabengebiet ein breites Wissen über mögliche Fehler?		
- Haben Sie generell einen scharfen Blick für Fehler?		
- Können Sie zwischen kritischen und unkritischen Fehlern unterscheiden?		
- Holen Sie in Zweifelsfällen (bei möglicherweise kritischen Fehlern) den Rat von anderen ein?		

	Ja	Nein
• Erahnen Sie kritische Fehler früh-zeitig?		
• Erkennen Sie kritische Fehler schnell?		
• Zeigen Sie kritische Fehler umgehend auf?		
• Reden Sie über kritische Fehler?		

Je mehr Fragen Sie mit Ja beantworten konnten, desto mehr Fehleroffenheit bringen Sie mit.

Transparenz schaffen

Fehlermeldungen sind wichtig. Sie sind das zentrale Element in der Fehlerkommunikation: Wenn wir einen Fehler ansprechen und aufzeigen, machen wir ihn transparent. Wir bringen ihn den Verantwortlichen zu Bewusstsein.

Es geht beim Aufzeigen von Fehlern um die gemeinsame Übernahme von Verantwortung. Ziel ist es, die Verantwortlichen ins Boot zu holen, um die Fehlerfolgen klein zu halten und gemeinsam Strategien zur Bewältigung des Fehlers zu erarbeiten. Und es geht um den Wissenstransfer, damit gleiche oder ähnliche Fehler auch von den anderen vermieden werden können.

Welche Stärken Sie für Fehlermeldungen brauchen

Von klein auf haben wir gelernt Fehler abzuschieben. Im Kindergarten haben wir gerufen: „Die hat angefangen!" In der Schule haben wir mit rotem Gesicht gestammelt: „Das war ich nicht." Zu Hause haben wir die zu Bruch gegangene Vase schnell wieder zusammengeklebt und an ihren Platz gestellt. Und jetzt im Berufsleben?

Beispiel:

Eddie macht sich Sorgen um die Gesundheit seiner Tochter. Eben hat er wieder mit seiner Partnerin telefoniert und sich über die neuesten Laborbefunde informiert. Die Blutwerte sind wirklich beunruhigend! Noch ganz in Gedanken bei seiner kleinen Prinzessin hat er die neuen Gehäusebauteile eingelegt und das Programm gestartet. Er betrachtet noch kurz, wie der CNC-Automat die Bohrungen beginnt und macht sich dann an die Nachbearbeitung des vorhergehenden Arbeitsauftrags: bei 150 Stück die Sichtprüfung vornehmen, Grate abfeilen etc. Als er sich wieder zum Automaten wendet, stellt er schockiert fest, dass die Maschine noch mit den alten Einstellungen gearbeitet hat. „Au weh, ich habe vergessen, das Programm zu ändern. Jetzt ist alles Schrott!" Über den Fehler hinweggehen ist nicht möglich. Das ist Eddie bewusst.

Kurze Zeit später macht er sich auf den Weg zum Meister, um den Fehler zu melden. „Chef, komm mal schnell mit!", sagt er. „Schau dir das an, alle Eingaben sind richtig, aber die Bohrungen sind falsch. Die Maschine spinnt!" Gemeinsam gehen sie die Einstellungen durch und betrachten das Ergebnis: „Tatsächlich, die Bohrungen entsprechen nicht den Eingaben." Der Meister runzelt die Stirn. „Wieder Ärger mit der Elektronik!", schimpft er und ruft die Techniker an. „Und immer dann, wenn wir ohnehin schon unter Druck stehen ..." Die Fehlersuche dauert mehrere Tage. Nachdem kein Programmierfehler gefunden wurde, wird die

Elektrik und Mechanik überprüft. Nun ist die Maschine wieder zusammengeschraubt. Die Techniker haben einen überraschenden Befund: „Alles in Ordnung!"

Bei der späteren Befragung räumt Eddie kleinlaut ein, dass er schnell das Programm richtig gestellt hat, bevor er dem Meister den angeblichen Maschinenfehler gebeichtet hat.

Was Eddie hier gemacht hat, war keine Fehlermeldung. Er hat nicht den Fehler gemeldet (z.B. „Chef, mir ist etwas passiert: Ich habe versehentlich die Maschine mit den alten Eingaben gestartet."), sondern eine falsche Information gegeben („Die Maschine spinnt!"). Der eigentliche Fehler wurde von Eddie nicht nur verheimlicht, sondern vertuscht.

Wegen der Vertuschung konnte nicht umgehend auf das Problem reagiert werden, vielmehr wurden die falschen Maßnahmen getroffen und die Schadenssumme vergrößert: durch tagelangen Produktionsstillstand, die Überprüfung der Maschine durch das Spezialistenteam und die dadurch entstandenen Lieferverzögerungen. Die Fehlervertuschung hat also den Schaden um ein Vielfaches vergrößert.

Die drei Grundkompetenzen

Die Beispiele oben wie auch unsere eigenen Erfahrungen zeigen: Fehler zu melden fällt oft schwer.

Wer jedoch Fehler verschweigt, verheimlicht oder gar aktiv vertuscht, riskiert nicht nur hohe Fehlerkosten, sondern geht auch potenzielle Sicherheitsrisiken ein. Er lädt sich viel Verantwortung auf seine Schultern. Das kann ein paar schlaflose

Nächte bescheren, das kann den Job kosten, das kann die Seelenruhe rauben.

Wer jedoch Fehler aufzeigt, teilt nicht nur die Verantwortung und entlastet sich und sein Gewissen, sondern trägt aktiv dazu bei, dass kritische Fehler bearbeitet und beseitigt werden, dass der Fokus auf Qualität und Sicherheit gelegt wird. Darum wählen wir am besten den offenen Weg, raffen uns auf, überwinden unsere Ängste und bringen die Fehler zu Bewusstsein. Damit vollbringen wir eine wichtige Leistung.

Wer vorbildlich mit Fehlern umgeht, verfügt über die folgenden Grundvoraussetzungen.

- **Rasches Erkennen:** Der Fehlerverursacher erkennt den Fehler gleich. Voraussetzungen hierfür sind ein scharfer Blick und ein wacher Verstand. Schlecht qualifizierte Arbeitskräfte registrieren keine Fehler, folglich können sie auch keine Fehler melden.

- **Umgehende Meldung**: Der Fehlerentdecker macht den Fehler sichtbar, legt ihn offen. Voraussetzungen dafür sind Mut und persönliche Stärke. Unsichere und ängstliche Menschen scheuen vor Fehlermeldungen zurück.

- **Verantwortungsbewusstes Handeln**: Fehlermelder beweisen Engagement und Verantwortungsbewusstsein. Durch ihre Meldungen ermöglichen sie eine schnelle Fehlerbewältigung. Die Fehler können korrigiert, der Fehlerverlauf kann gestoppt werden. Faule oder Gleichgültige jedoch unterlassen zusätzlichen Arbeitsaufwand.

Diejenigen, die Fehler aufzeigen, leisten einen wertvollen Beitrag für das Unternehmen. Dabei gehen sie nicht den bequemsten Weg. Sie schauen nicht weg und ignorieren das Problem, sondern beweisen Kompetenz, persönliche Stärke und Einsatzbereitschaft für das Unternehmen.

> Fehlermeldungen sind ein wichtiges Kommunikationsinstrument für einen konstruktiven Umgang mit Fehlern. Dabei werden Fehler aufgezeigt und den Verantwortlichen zu Bewusstsein gebracht.
>
> Die Verantwortlichen erfahren von dem Fehler und können (gemeinsam mit den Betroffenen) Aktivitäten setzen, die einerseits die Fehlerfolgen begrenzen und andererseits Wiederholungsfehler verhindern.

Checkliste: Wie Sie sich Fehlermeldungen erleichtern

- Achten Sie auf gute eigene Qualifikationen (z. B. Fortbildung, Selbststudium, Fachgespräche mit erfahrenen KollegInnen). Dadurch können Sie Fehler, die Ihnen oder anderen passieren, schneller und zuverlässiger erkennen.

- Sensibilisieren Sie sich für potenzielle Fehlerquellen (z. B. durch Qualifizierung, Coaching, Qualitätszirkel). Dadurch steigt Ihre Aufmerksamkeit an kritischen Stellen. Sie erkennen Fehler früher bzw. können vorsorgen, dass sie nicht passieren.

- Stärken Sie Ihr Selbstbewusstsein und entwickeln Sie persönliche Stärke (z. B. durch Persönlichkeitsentwicklung, positive Bestärkung, lernorientierte Haltung). Dadurch gelingt es Ihnen, Ihre

Ängste und Unsicherheiten effektiver zu bewältigen und trotz empfundener Peinlichkeit und Scham eigene Fehler verlässlich aufzuzeigen.

- Nutzen Sie bei Bedarf schriftliche Meldewege (z. B. firmeninterne Fehlermeldesysteme, E-Mail) oder anonyme Fehlermeldesysteme (z. B. eine Blackbox, firmeninterne Ombudsleute). Dadurch können Sie Stresssituationen vermeiden.

- Suchen Sie Ansprechpartner, die für den Bereich, in dem der Fehler passiert ist, verantwortlich sind (z. B. Teamleiter, Projektleiter, Qualitätsbeauftragter). Dadurch stellen Sie sicher, dass die Informationen an der richtigen Stelle landen.

- Holen Sie sich in heiklen Fällen Unterstützung durch Dritte (z. B. FachkollegInnen, Meister, Betriebsrat). Dadurch erhalten Sie Rückenstärkung.

- Erzählen Sie sachlich, was Sie bemerkt haben bzw. was Ihnen passiert ist, ohne zu beschönigen. Dadurch ermöglichen Sie eine schnelle Lösung.

- Lernen Sie aus dem Fehler: Stellen Sie den konkreten Fehler ab und planen Sie (mit der Führungskraft bzw. mit dem Team) Präventionsmaßnahmen. Dadurch vermeiden Sie Wiederholungsfehler.

Wie Führungskräfte ihren Ärger bewältigen

Fehlermeldungen sind die Königsdisziplin in der Fehlerkommunikation. Doch in der Praxis fällt uns ein offener Umgang mit Fehlern mitunter schwer. Wer gerade einen Unfall mit dem Stapler verursacht hat, wer gerade den CNC-Automaten mit dem falschen Programm gestartet hat oder wer eine Ölleitung falsch gebohrt hat, geht sicherlich mit einem sehr mulmigen Gefühl zum Chef.

Doch wie geht es dem Chef bei einer Fehlermeldung?

Beispiel:

 Ferdinand ahnt bereits Schlimmes, als seine Sekretärin den Kopf durch die Tür streckt: „Chef, hast du mal kurz Zeit?", fragt sie schüchtern, „Ich muss dir etwas sagen." Er ahnt, dass Unannehmlichkeiten auf ihn zukommen und merkt, wie sein Blutdruck zu steigen beginnt. „Chef, mir ist etwas Blödes passiert!" Nervös steht nun Angie vor ihm, trippelt von einem Bein auf das andere, erzählt stockend und stotternd. „Was, wie blöd kann man denn sein? Du hast die Ausschreibungsunterlagen nicht termingerecht eingebracht! Wozu haben wir wochenlang daran gearbeitet?! Du hast jetzt alles vermasselt! Raus, ich will dich heute nicht mehr sehen."

Destruktiver Umgang mit Ärger

Die Zeiten sind vorbei, in denen Vorgesetzte ihren Untergebenen eine Kopfnuss verpassen oder ihnen die Unterlagen ins Gesicht schlagen durften. Glücklicherweise. Trotzdem kommt es in dem einen oder anderen Team vor, dass der Ärger über

Fehler und Fehlerkosten noch immer ungebremst und sehr emotional an den Mitarbeitern ausgelassen wird. „Ich kann mich einfach nicht beherrschen, wenn ich wütend werde", sagen manche Führungskräfte hinterher voller Reue über ihren Tobsuchtsanfall. Manche werfen mit oberlehrerhaftem Tonfall ein: „Die Mitarbeiter nehmen das ja nur ernst, wenn ich laut werde. Sonst denken die doch gleich, dass sie sich jede Schlamperei leisten dürfen." Andere wiederum halten selbstgerecht fest: „Wohin soll das noch führen mit der ganzen Political Correctness? Dass ich mich als Chef ganz verbiegen muss? Dass ich womöglich auch noch freundlich lächeln muss und sagen soll Danke, dass du so einen Mist gemacht hast!?"

Selbstverständlich ärgert man sich als Führungskraft über Fehler. Sie verursachen Kosten und machen zusätzliche Arbeit. Da kann man mal leicht die Nerven verlieren. Doch was hat das zur Folge? Mit Schreien und Schimpfen lassen sich Fehler nicht rückgängig machen. Dadurch lassen sich auch keine Wiederholungsfehler vermeiden. Angespannten und ängstlichen MitarbeiterInnen unterlaufen künftig dann auch nicht seltener, sondern vielmehr häufiger Fehler.

Beispiel:

 Angie wird sich in Zukunft genau überlegen, ob sie ihren nächsten Fehler meldet. Sie wird eher grübeln, wie sie ihr Versäumnis verheimlichen kann oder wie es sich vielleicht sogar aktiv vertuschen lässt. Und ihre Kollegin, die das ganze Theater durch die offene Bürotür miterlebt hat, wird sich denken, dass sie auf so eine Erfahrung gerne verzichtet. Beim nächsten Fehler, der ihr unterläuft, wird sie wie Angie still bleiben.

Führungskräfte können sich von ihren Emotionen oder ihrem Verstand leiten lassen. Die Nerven zu verlieren und den eigenen Ärger über Fehler an den anderen auszulassen, verschafft kurzfristig Genugtuung. Es führt jedoch dazu, dass die Vertrauensebene gestört wird und MitarbeiterInnen Fehlermeldungen fortan eher unterlassen. Den eigenen Ärger unter Kontrolle zu halten, erfordert innere Stärke und strategisches Denken. Es festigt jedoch die Beziehungsebene, schafft Vertrauen auch in kritischen Situationen und fördert Fehlermeldungen.

Emotionale Intelligenz

Wie in vielen anderen Bereichen, benötigen Führungskräfte beim Umgang mit Fehlern nicht nur fachliche, sondern auch soziale Kompetenzen. Sie brauchen nicht nur ein gutes Fachverständnis. Vielmehr ist es wichtig, ein Klima der Fehleroffenheit im Team aufzubauen. Es ist wichtig, dass es ihnen gelingt, das Vertrauen ihrer MitarbeiterInnen zu gewinnen. Negative Emotionen wie Ärger, Aggression, Frustration, Stress, Ungeduld, Überheblichkeit erschüttern die Vertrauensbasis.

Zum Aufbau einer starken Vertrauensbasis braucht es emotionale Intelligenz, also die Fähigkeit, die eigenen Gefühle sowie die Gefühle seiner Mitmenschen zu verstehen und zu steuern. Über emotionale Intelligenz zu verfügen bedeutet nicht, dass negative Emotionen unterdrückt oder geleugnet werden. Emotionale Intelligenz zeichnet sich vielmehr dadurch aus, dass negative Emotionen – wie z.B. der Ärger über den Schaden, der Stress aufgrund der fehlerbedingten Arbeitsbelastung, die Angst vor den Reaktionen des oberen Managements – konstruktiv bewältigt werden.

Beispiel:

Der 55-jährige Adi erinnert sich noch an die Ohrfeigen, die er in seiner Lehrzeit kassiert hat. Ihm sind auch noch manche Backpfeifen präsent, die er als junger Vorarbeiter verteilt hat. Später als Bäckermeister hat er immer öfter bemerkt, dass sein Verhalten problematisch ist. Stolz erzählt er von seiner Entwicklung als Führungskraft: „Bei einem Firmenseminar zum Thema ‚Emotionale Intelligenz in der Führung' sind mir die Augen aufgegangen. Bis dahin dachte ich, Emotionen kommen und gehen. Doch dann ist mir klar geworden, dass ich meine Emotionen auch steuern kann. Fehler von Mitarbeitern haben mich immer schon zur Weißglut gebracht. Doch mittlerweile habe ich gelernt, meine Emotionen unter Kontrolle zu halten, ruhig zu bleiben. Notfalls nehme ich mir eine Viertelstunde Zeit, um mal schnell um die Backfabrik zu laufen oder durch das Treppenhaus bis in den 10. Stock des Bürotraktes. Das baut das Adrenalin ab. Dann gelingt es mir, mich wieder auf die Sachebene zu konzentrieren und lösungsorientiert vorzugehen. Seitdem läuft es gut! Die Mitarbeiter wissen, dass sie zu mir kommen können. Und dass wir dann gemeinsam anpacken, um die Kohlen aus dem Feuer zu holen."

Tipps zum Aggressionsabbau

Es gibt viele Möglichkeiten Ärger abzubauen. Hier eine kleine Auswahl:

- Atmen Sie tief durch oder machen Sie Atemübungen mit speziellen Atemtechniken, z. B. aus dem Autogenen Training oder aus dem chinesischen Qi Gong.

- Bauen Sie Ihre Spannung durch körperliche Bewegung ab, z.B. indem Sie schnell um den Block laufen oder ins Fitness-Studio gehen.

- Schaffen Sie emotionalen Abstand, indem Sie das Gespräch vertagen.

- Machen Sie sich Ihre Emotionen bewusst und reflektieren Sie diese, indem Sie mit neutralen Dritten sprechen, z.B. mit unbeteiligten KollegInnen oder einem Coach.

Verantwortungsbewusste Führungskräfte bewältigen ihren Frust und Stress. Sie geben jedoch nicht vor, gleichgültig oder gar erfreut über Fehler zu sein. Häufig bringen sie auch die eigene Betroffenheit zum Ausdruck. „Aussprechen statt Ausleben!", lautet hierfür die Devise. Statt laut und wütend zu werden, hält man in ruhigem Ton fest: „Ich merke, dass ich mich ärgere, weil ..."

Fehlermeldungen als Vertrauensbeweis

Für MitarbeiterInnen ist es notwendig, destruktive Emotionen wie Angst oder Scham zu überwinden, um eine Fehlermeldung zu machen. Für Führungskräfte ist es wichtig, Ärger und Aggression zu bewältigen, damit Fehlermeldungen auch erfolgen können.

Wenn Führungskräfte auf die Offenheit und das Verantwortungsbewusstsein ihrer Teammitglieder und die Teammitglieder auf ein respektvolles und konstruktives Verhalten der Führungskräfte vertrauen können, kann Fehleroffenheit gelebt werden. Handschlagqualität braucht es von beiden Seiten.

Guter Umgang mit schlechten Nachrichten

Es gibt immer wieder Überlegungen, „den größten Fehler" zu honorieren. Dahinter steht die Hoffnung, auf diese Weise in einem Unternehmen mehr Fehleroffenheit und eine positive Einstellung gegenüber Fehlern zu schaffen. Doch Fehler werden nicht absichtlich gemacht. Sie sind keine bewusste Leistung. Mitarbeiter strengen sich nicht an, um sie zu machen. Vielmehr passieren sie. Daher ist es weder notwendig noch zielführend, den größten Fehler zu belohnen oder sich für einen Fehler zu bedanken.

Für die Fehlermeldung danken

Fehlermeldungen jedoch passieren nicht von selbst. Sie sind ein bewusster Akt und eine besondere Leistung. In einer guten Fehlerkultur honorieren Führungskräfte diese Leistung ihrer MitarbeiterInnen und finden dafür angemessene Worte. Als Ausdruck von Anerkennung und Wertschätzung bieten sich folgende Formulierungen an: „Danke für die Info.", „Gut, dass Sie gleich zu mir gekommen sind!", „Danke für deine Offenheit!", „Danke für dein Vertrauen!" oder „Schön, dass ich mich auf Sie verlassen kann."

Dadurch bestärken Führungskräfte ihre MitarbeiterInnen und fördern einen schnellen Informationsfluss. Damit bekräftigen sie, dass ihnen Fehlermeldungen wichtig und willkommen sind und dass sie diese professionell entgegennehmen können.

Firmen mit einer guten Fehlerkultur zeichnen sich durch Fehleroffenheit aus. An der Schnelligkeit und Zuverlässigkeit, mit der Fehlermeldungen beim Verantwortlichen ankommen, kann man die Qualität einer guten Fehlerkultur in einem Team oder einer Organisation erkennen.

Die drei Führungskompetenzen

Das professionelle Entgegennehmen von Fehlermeldungen gehört zu den zentralen Führungskompetenzen. Eine Führungskraft beweist diese Kompetenz, wenn es ihr gelingt, in einen konstruktiven Dialog mit dem Fehlerverursacher zu treten. Chefs, die vorbildlich mit Fehlern umgehen, verfügen über drei zentrale Führungs-Skills.

1 **Verständnis und Wertschätzung:** Führungskräfte, die eine ruhige Gesprächsatmosphäre schaffen und den Fehlerverursacher respektvoll behandeln, machen deutlich, dass sie wissen, dass Fehler passieren und sich weder durch Verbote noch durch Angst und Schrecken verhindern lassen. Sie zeigen, dass sie den Fehler, aber nicht den Fehlerverursacher bekämpfen wollen.

2 **Sachlichkeit und Lösungsorientierung**: Führungskräfte, die nicht emotional, sondern rational handeln, beweisen ein zielgerichtetes Vorgehen. Der Fehler ist schon passiert. Was nun nötig ist, ist ein klarer Fokus: nicht die Verurteilung des Schuldigen, sondern Ursachen- und Lösungssuche – am besten gemeinsam mit dem Fehlerverursacher.

3 **Nachhaltiges Verantwortungsbewusstsein**: Führungskräfte, die einen strategischen Umgang mit Fehlern pfle-

gen, sind sich der Bedeutung von schnellen und verläss-
lichen Fehlermeldungen bewusst. Sie wissen, dass sie als
Chefs die angemessenen Rahmenbedingungen für eine
hohe Fehleroffenheit schaffen müssen. Und sie wissen,
dass nach der Fehlermeldung die Arbeit erst beginnt: die
Fehlerbewältigung und die Entwicklung von Präventionsmaßnahmen zur systematischen Verhinderung weiterer
gleichartiger oder ähnlicher Fehler.

Beispiel:

Anna kommt blass und angespannt in Stefans Büro. „Du, es gibt
da ein Problem.", beginnt sie. Er bietet ihr einen Sitzplatz an.
„Was ist passiert?", fragt er. „Schieß mal los!" Anna erzählt, wie
sie im Trubel des Jahresabschlusses die Kosten für das neue
Laborgerät in der Kostenplanung vergessen hat und damit
200.000 Euro nicht ins neue Jahresbudget eingeplant wurden.
Stefan stellt zwischendurch Fragen, um welches Gerät es geht,
ob die Bestellung bereits erfolgt ist, welche Zahlungsmodalitäten
vereinbart waren etc.

Es handelt sich um einen wirklich ärgerlichen Fehler! Die Träger-
organisation hat die Kosten für das dringend notwendige Gerät
nicht eingeplant, die Budgets sind bereits verteilt. Vor seinem
geistigen Auge sieht Stefan sich schon beim Bettelgang durch die
Instanzen, womöglich bis zur verantwortlichen Chefdirektorin.
Oh, wie unangenehm! Er wischt schnell seine Gedanken zur Seite,
atmet tief durch und blickt Anna ruhig in die Augen: „Danke, dass
du gleich zu mir gekommen bist!" Anna schaut irritiert. Sie hat
mit einer Standpauke gerechnet, doch Stefan fährt fort. „Ja, die
Sache ist ärgerlich. Aber ich weiß es zu schätzen, dass ich mich
auf dich verlassen kann, dass du gleich zu mir kommst, wenn mal
etwas schiefgeht."

Checkliste: Wie Sie als Führungskraft Fehlermeldungen fördern

- Achten Sie auf gute Qualifikationen Ihrer MitarbeiterInnen, z. B. durch Weiterbildung, Training on the Job, Mentoring. Dadurch verbessern sie ihre Fähigkeit zur Fehlererkennung.

- Sensibilisieren Sie für potenzielle Fehlerquellen, z. B. durch Unterweisungen, Fehlerbesprechungen im Team, Qualitätszirkel. Dadurch steigt die Aufmerksamkeit an kritischen Stellen.

- Machen Sie Ihren MitarbeiterInnen bewusst, wie wichtig Fehlermeldungen sind, z. B. durch Information, klare Team-Regeln, Lernen aus eigenen und fremden Fehlern. Dadurch fördern Sie das Verantwortungsbewusstsein.

- Schaffen Sie ein konstruktives Teamklima, z. B. durch Team-Regeln, Teamentwicklung, Feedback-Gespräche. Damit stellen Sie sicher, dass Teammitglieder eigene Fehler leichter aufzeigen und sich die KollegInnen unterstützend und konstruktiv verhalten.

- Bedanken Sie sich für Fehlermeldungen, z.B. durch Worte, positive Körpersprache, symbolische Gesten. Dadurch zeigen Sie, dass Sie auch mit schlechten Nachrichten gut umgehen können und Fehlermeldungen erwünscht sind.

- Fördern Sie Fehlermeldungen und bestrafen Sie dagegen konsequent Verheimlichung bzw. Vertuschung, z.B. durch klare Team-Regeln. So stellen Sie sicher, dass die Teammitglieder nicht aus Selbstschutz Meldungen unterlassen, sondern zum Aufzeigen von Fehlern motiviert werden.

- Achten Sie auf eine nachhaltige Fehlerabstellung, z.B. mittels Qualitätsmanagement-Methoden wie DMAIC oder 8D, gemeinsamer Fehlerbesprechungen, Lernen aus Fehlern. Dadurch korrigieren Sie nicht nur den aktuellen Fehler, sondern verhindern Wiederholungsfehler.

Auf einen Blick: Wenn ein Fehler passiert

- Niemand macht gerne Fehler und niemand gesteht sie gerne ein. Dennoch ist es wichtig, dass Fehler aufgezeigt werden.

- Je länger kritische Fehler unentdeckt bleiben oder verheimlicht werden, desto höher und gravierender wird der Schaden, der durch den Fehler und dessen weiteren Verlauf entsteht.

- Damit Fehler von Fehlerverursachern verlässlich gemeldet werden, braucht es Führungskräfte, die Fehleroffenheit fördern und konstruktiv mit Fehlermeldungen umgehen.

- In einer positiven Fehlerkultur reagieren Führungskräfte und Teammitglieder auf Fehler sachlich und lösungsorientiert. Sie begegnen Fehlerverursachern mit Wertschätzung und Verständnis.

Fehler ansprechen

Die Fehler unserer Mitmenschen ärgern uns. Wir neigen dann zu negativen Reaktionen: zur Anklage oder zum beleidigten Schweigen. Doch wie findet man die richtigen Worte, wenn etwas schiefläuft?

In diesem Kapitel erfahren Sie,

- warum Vorwürfe uns nicht weiterbringen,
- wie wir mit der Wunsch-Strategie unsere Ziele erreichen,
- warum Konsequenz wichtig ist,
- wie Sie Kritik an Teammitgliedern oder Chefs üben,
- wie Sie die Vorwürfe anderer entschärfen.

Klein, aber oho: Fehler im Arbeitsalltag

Es sind nicht nur die großen Fehler, die uns beschäftigen. Im Alltag sind es oftmals die kleinen Fehler, die uns die Nerven rauben und graue Haare wachsen lassen. Während wir bei Produkt- und Prozessfehlern meist noch ruhig Blut bewahren können und es uns gelingt, sie sachlich anzusprechen, verlieren wir bei Verhaltensfehlern schnell die Contenance. Auch wenn es sich scheinbar um Kleinigkeiten handelt, sie lassen sich nicht übergehen. Sie bringen uns auf die Palme, machen uns sprachlos oder wütend.

Wir tendieren dazu, Verhaltensfehler auszublenden. Wir sagen „Der ist halt so" oder „Die kann ja nicht anders". Wir betrachten sie als persönliche Schwächen oder Macken, als Defizite im Auftreten, Probleme in der Kommunikation oder Schwierigkeiten in der Zusammenarbeit. Aber handelt es sich dabei um wirklich um Fehler?

Beispiel:

 Sarah, Sachbearbeiterin bei einer Versicherung, rollt mit den Augen und redet sich ihren Ärger von der Seele: „Ich bin hier für alle der Depp. Dauernd muss ich hinter allen herräumen: die Kaffeebecher in den Geschirrspüler, Milchpackungen wieder in den Kühlschrank, schimmeligen Käse entsorgen. Und wie der Tisch aussieht, wenn meine ‚lieben Kollegen' vom Mittagessen aufstehen! Man kann sich ja gar nicht hinsetzen. Da vergeht mir der Appetit. Eklig ist das, richtig eklig!"

Im (Arbeits-)Alltag gibt es viele kleine Störungen, die uns in Rage bringen. Der Kollege, der auch im Großraumbüro lange

und laut telefoniert, die Kollegin, die nie Kopierpapier nach-
füllt, der Azubi, der beim Eintreten weder klopft noch grüßt,
der Teamleiter, der keine Entscheidungen trifft, die Geschäfts-
führerin, die ihren Dienstwagen stets auf dem Behinderten-
parkplatz abstellt etc.

Ist Entscheidungsschwäche ein Fehler? Sind Nachlässigkeit,
Unhöflichkeit und Rücksichtslosigkeit Fehler? Die ISO 9000
gibt darauf eine klare Antwort: Ja, es handelt sich um Fehler,
weil diese Verhaltensweisen „die Nichterfüllung einer Anforderung" darstellen. Entscheidungsstärke ist eine Anforderung
an Führungskräfte, konstruktive Kommunikation und Kooperation sind Anforderungen an Teammitglieder, Höflichkeit und
Rücksichtnahme sind grundlegende Anforderungen im sozialen Zusammenleben.

Schweigen ist keine Lösung

Wir stehen vor der Wahl: Sehen wir mit zusammengekniffe-
nen Lippen über die Fehler der anderen hinweg? Oder sagen
wir ihnen, wie sehr uns ihre Fehler stören? Eines ist klar: Wer
nichts sagt, vergibt sich jede Chance auf eine Verbesserung.
Alles bleibt dann beim Alten. Häufig sind sich die anderen gar
nicht im Klaren darüber, dass ihr Verhalten stört, dass wir uns
über diese „Kleinigkeiten" maßlos ärgern. Daher ist Schweigen
keineswegs Gold. Doch wir ahnen: Frisch und frei den anderen
ins Gesicht zu schmettern, was uns nicht passt, führt auch
nicht ans Ziel. Vielmehr können wir dann mit weiterem Ärger
und Streit rechnen.

Vorwürfe: Kommunikationsmuster aus der Kindheit

Im Alltag greifen wir häufig zu Vorwürfen, wenn wir andere auf ihre Verfehlungen ansprechen. Mit Vorwürfen wählen wir eine Kommunikationstechnik, die viele von uns als kleine Kinder verinnerlicht haben. Am Beispiel unserer Eltern und nahen Bezugspersonen haben wir gesehen, wie (unser) Fehlverhalten zu Ärger und der Ärger zu Vorwürfen geführt hat. Tag für Tag haben wir sie gehört: „Dauernd macht ihr so einen Lärm!", „Ständig läufst du mit deinen dreckigen Stiefeln in die Wohnung!" oder „Jetzt hast du schon wieder eine Fünf in Mathe geschrieben!". Doch Vorwürfe haben schon unsere Eltern nicht ans Ziel geführt. Häufig sind diese Situationen eskaliert, endeten mit zermürbendem Gezanke oder trotzigem Widerstand. Vorwürfe sind kontraproduktiv. Sie schaffen nichts als weiteren Ärger. Darum ist es klug, mal innezuhalten und hinzusehen, warum wir sie nun als Erwachsene dennoch einsetzen und was hier falsch läuft.

Wie sich Vorwürfe zusammenbrauen
1. Es handelt sich um eine Kleinigkeit. Die Welt hat viele große Probleme. Krümel in der Büroküche gehören nicht dazu. Wenn sie jemand mal übersieht, wischen wir sie im Handumdrehen weg. Ist ja eine Kleinigkeit.
2. Es kommt zu Wiederholungen. Selbstverständlich wischen wir den Tisch auch am nächsten Tag wieder sauber. Und die Woche

darauf. Das ist doch für niemanden ein Problem! Noch nicht.

3. Wir wollen kein Aufheben machen.
   Wegen ein paar Krümel lohnt es sich nicht, etwas zu sagen. Auch nicht wegen der Fettflecken. Wir wollen ja nicht als kleinlich gelten. Doch die innere Spannung steigt.

4. Wir fokussieren die Problempunkte.
   Am nächsten Tag werfen wir den Blick als Erstes auf den Tisch: Sauerei! Jetzt stehen die Kleinigkeiten im Mittelpunkt unserer Aufmerksamkeit. Wir fokussieren den Fehler wie mit einer Lupe.

5. Aggressive Interpretationen treten auf.
   Schon erleben wir die Krümel als Frechheit, als schamlose Rücksichtslosigkeit, wir fühlen uns als die Dummen, die die Drecksarbeiten machen müssen.

6. Ärger braut sich zusammen.
   Die Wut arbeitet in uns, ein Steinchen kommt zum anderen, eine Lawine baut sich auf. Wir haben es satt, uns schlecht behandeln zu lassen. Wir holen zum Gegenschlag aus.

7. Attacke!
   Das Ende der Geduld ist erreicht. Wir schäumen innerlich. Und schon schießt der Vorwurf heraus: „Dauernd lässt du deinen Dreck liegen!"

Warum Vorwürfe scheitern

Strategisch betrachtet ist ein Vorwurf ein Schuss ins eigene Knie. Wir erzielen damit nicht nur keine Verbesserung, sondern sogar eine Verschlechterung. Der andere stellt auf stur oder schlägt zurück. Wir verfehlen das intendierte Ziel. Fehler!

Kampf oder Flucht

Vorwürfe werden als Angriff erlebt wie ein Schlag auf die Nase. Mit jedem „Du machst das und das falsch!" werden unsere archaischen Konfliktstrategien aktiviert: Fight or Flight, Kämpfen oder Flüchten. Auf den symbolischen Schlag folgt der Gegenangriff („Aber du hast ...!") bzw. die Flucht („Lass mich in Ruhe!").

Beispiel:

 Beate hat die Nase voll: „Bei uns im Büro herrscht Eiszeit. Thomas ist völlig rücksichtslos! Im Winter reißt er ständig das Fenster auf, im Sommer kühlt er runter auf 17 Grad. Ich sitz dann da und bibbere vor mich hin, aber das merkt er nicht mal! Interessiert ihn nicht! Lange habe ich nichts gesagt, aber letzte Woche ist mein Geduldsfaden gerissen. Da habe ich ihm mal meine Meinung gesagt. Aber glaub nicht, dass das etwas geholfen hätte! ,Mimose' hat er mich genannt und ,hysterisch'! Und kaum gehe ich mal kurz aus dem Büro, dreht er schon wieder die Temperatur runter."

Doch es sind nicht allein der aggressive Tonfall und die grimmige Körpersprache, die einen Vorwurf zu einer unangenehmen Botschaft machen. Auch die Wortwahl trägt maßgeblich zur negativen Wirkung bei.

Hinter jedem Vorwurf steckt ein Wunsch

Wenn wir die grammatikalische Struktur von Vorwürfen betrachten, so fällt auf, dass sie immer die gleichen Merkmale haben:

- Du-Botschaften (du machst, du tust, du hast)
- Generalisierungen (immer, ständig, dauernd, nie)
- Übertreibungen (wie in einem Schweinestall, hundertmal)
- Problemfokussierung (Lärm, Dreck, Unordnung, Versagen, Ärger)

Auf der Suche nach besseren Strategien haben Kommunikationsforscher erkannt: Vorwürfe sind verunglückte Wünsche. In jedem Vorwurf steckt ein unausgesprochener Wunsch. Die große Kunst besteht nun darin, den Wunsch zu erkennen und in Worte zu fassen.

Beispiel:

 Tommy ist irritiert über seine Freundin: „Sabrina schimpft ständig über ihre Arbeitskollegen. Das passt ihr nicht und jenes auch nicht. Wenn ich sie dann frage, was sie will, weiß sie auch keine Antwort!" Er hält kurz inne: „Typisch Frauen!", meint er dann kopfschüttelnd: „Die wissen immer, was sie nicht wollen, aber nie, was sie wollen."

Die meisten Menschen wissen sehr gut, was sie stört, was sie schlecht finden, was sie ablehnen. Es ist leichter, in der Rolle des Opfers und des Leidenden zu verharren, als das eigene Schicksal in die Hand zu nehmen und den Lauf der Geschichte zu beeinflussen. Wer Vorwürfe macht, schiebt dem Gegenüber die Verantwortung zu. Der oder die andere ist schuld, dass es schiefläuft, dass man sich ärgert oder leidet. Doch mit etwas Selbstverantwortung und Handlungsstärke können wir uns ein angenehmeres (Berufs)Leben schaffen.

Wir müssen dazu nur innehalten und uns unsere Wünsche bewusst machen.

Beispiel:

 Im Vorwurf „Du kommst ständig zu spät!", steckt z. B. der Wunsch nach einem pünktlichen Besprechungstermin. Im Vorwurf „Ständig unterbrichst du mich beim Arbeiten!", liegt z. B. der Wunsch nach störungsfreier Konzentration auf die Aufgabe. Und in dem Satz „Immer muss ich mich um alles kümmern!", verbirgt sich der Wunsch nach Unterstützung.

In der folgenden Tabelle sehen Sie anhand einiger Beispiele, welche Wünsche sich hinter Vorwürfen verbergen können.

Vorwurf	Versteckter Wunsch
Zur Kollegin: „Du hast den Brief noch immer herum- liegen?"	Ich möchte, dass meine Kollegin den Brief gleich zur Poststelle bringt.
Zum Kollegen: „Du ziehst uns mit deiner miesen Laune runter!"	Ich möchte, dass mein Kollege einen Beitrag zu ei- nem guten Teamklima leistet.
Zur Partnerin: „Nichts passt dir! Du nörgelst ständig an mir herum!"	Ich möchte, dass meine Partnerin auch meine positi- ven Seiten sieht.
Zum Partner: „Du kümmerst dich nie um den Haushalt!"	

Vorwurf	Versteckter Wunsch
Zum Kind: „Jetzt hast du schon die dritte Fünf!"	
Zur Schwiegermutter: „Ständig mischt du dich in unsere Beziehung!"	
Zur Bankberaterin: „Sie geben mir schlechte Konditionen!"	

Nun fällt Ihnen sicher auf, dass Vorwürfe nicht nur negativ klingen, sondern auch Negativformulierungen enthalten. Wünsche hingegen sind positiv formuliert und schaffen ein positives Gesprächsklima. Die folgende Übersicht verdeutlicht das Schema, das jeweils hinter Vorwürfen und Wünschen steht. Sie werden feststellen, dass sie immer die gleichen Merkmale aufweisen.

Vorwurf	Wunsch
Negativformulierung	Positivformulierung
Problemorientierung	Lösungsorientierung
Blick zurück im Zorn	Blick nach vorn
Aggressive Haltung	Konstruktive Haltung
Kampfansage	Kooperationsangebot

Wie Wünsche weiterhelfen

Ist der erste Schritt getan und der Wunsch im Vorwurf erkannt, folgt der zweite Schritt: den Wunsch auf dem Silbertablett zu überreichen, damit unser Gegenüber ihn gerne annimmt.

Der Wunsch auf dem Silbertablett

Für Wunschformulierungen kommen zwei Kommunikationstechniken in Frage: Appelle und Ich-Botschaften.

Appelle statt Befehle

Appelle sind sachliche Aufforderungen an andere. Mit „(Bitte) Mach das." zeigen Sie auf, was gemacht werden soll und setzen damit einen klaren, zielorientierten Handlungsimpuls. Sie erfolgen in einem ernsten bis freundlichen Tonfall. Im Unterschied zu einem Befehl („Du musst das machen!") findet die Kommunikation auf Augenhöhe statt. Ein Befehl hingegen drückt ein Über-Unterordnungsverhältnis aus und verlangt eine bedingungslose Umsetzung durch den Befehlsempfänger. Ein Appell jedoch gibt einen Impuls in die richtige Richtung.

Ich-Botschaften statt anklagendes Du

Ich-Botschaften sind bewusst subjektiv formulierte Informationen. Sie sprechen dabei von sich, zeigen Ihre Emotionen, lassen Ihre Haltung und Sichtweise einfließen. Dadurch vermeiden Sie das Du, das anmaßend und anklagend wirkt.

Mit Ich-Botschaften lassen sich unterschiedliche Nuancen vermitteln. Die Palette reicht von einem sehr freundlichen bis hin zu einem sehr durchsetzungskräftigen Tonfall.

Den richtigen Ton treffen

Um Wünsche angemessen zu formulieren, ist es wichtig, den richtigen Ton zu finden. Am Anfang sollte dabei immer ein freundlicher Ton stehen: „Bitte wisch nach dem Essen den Tisch ab." (Appell) oder „Ich bitte dich, dass du die Büroküche sauber hinterlässt." (Ich-Botschaft).

Doch was tun, wenn die netten Worte nichts fruchten? Wenn das Problem weiter besteht? Ihre Stärke stellen Sie unter Beweis, wenn Sie auch im Wiederholungsfall nicht in den Vorwurfston verfallen, sondern weiterhin mit ruhiger Stimme und sachlichen Formulierungen die Lösung aufzeigen. Sagen Sie noch einmal, was der andere tun soll, um es nach Ihren Vorstellungen richtig zu machen. Sie können sich zudem mehr Durchsetzungskraft verleihen, indem Sie zu stärkeren Worten greifen. Die Formulierungen „Ich ersuche dich, die Büroküche sauber zu hinterlassen." oder „Ich erwarte von dir, dass du (wie wir alle) nach dem Essen den Tisch abwischt." bringen zum Ausdruck, dass Ihnen diese konkrete Verbesserung ein großes Anliegen ist.

Sie können Wünsche als Bitte, Ersuchen, Erwartung bzw. Forderung aussprechen. Wenn Sie Führungskraft sind, haben Sie noch eine weitere Option: die Anordnung.

Als Führungskraft tragen Sie die Gesamtverantwortung für die Ergebnisse und Ihre MitarbeiterInnen. Wenn Ihre Bitten, Ersuchen und Erwartungen bei Ihren Teammitgliedern auf taube Ohren stoßen, wenn der kooperative Führungsstil wiederholt scheitert bzw. wenn Gefahr im Verzug besteht, ist es wichtig, dass Sie Ihre gesamte Autorität einsetzen und mit einer Anordnung eine klare Ansage machen. Mitunter braucht es diese Entschiedenheit, um ein Projekt, ein Unternehmen, das Teamklima oder auch ein Menschenleben zu retten.

Schritt-für-Schritt: Wünsche angemessen formulieren
1. **Appell:** „Bitte komm` pünktlich zur Besprechung."
2. **Wunsch:** „Ich wünsche mir, dass du pünktlich zur Besprechung kommst."
3. **Bitte:** „Ich bitte dich, dass du pünktlich zur Besprechung kommst."
4. **Ersuchen:** „Ich ersuche dich, dass du pünktlich zur Besprechung kommst."
5. **Erwartung:** „Ich erwarte von dir, dass du pünktlich zur Besprechung kommst."
6. **Forderung:** „Ich fordere dich auf, dass du pünktlich zur Besprechung kommst."
7. **Anordnung:** „Ich ordne an, dass du pünktlich zur Besprechung kommst."

Achten Sie darauf, dass Sie sowohl im beruflichen als auch im privaten Alltag Ihren Wunsch angemessen formulieren, so dass Ihre Formulierung sowohl zur Situation als auch zum Beziehungsverhältnis passt.

Es lohnt sich, die eigene Kommunikationskompetenz zu erweitern und zusätzliche Werkzeuge ins eigene rhetorische Repertoire aufzunehmen. Spielen Sie das folgende Beispiel durch und achten Sie darauf, wie sich die unterschiedlichen Formulierungen anhören: vom Appell bis zur Anordnung.

Ausgangssituation: Ihr Kollege vernachlässigt die Sicherheitsvorschriften; er trägt beim Schleifen keine Schutzbrille.

Wie Sie die gesamte Tonskala nutzen	
1	Appell:
2	Wunsch:
3	Bitte:
4	Ersuchen:
5	Erwartung:
6	Forderung:
7	Anordnung:

Warum es ohne Konsequenz nicht geht

Wer Fehler anderer anspricht, um zu nörgeln oder zu kritisieren, handelt destruktiv. Aggressive Emotionen sind dann im Spiel. Dabei soll primär Dampf abgelassen und eigener Frust abgebaut werden. Der andere fungiert als Blitzableiter.

Wer jedoch Fehler anspricht, um Verbesserungen zu bewirken, handelt rational und konstruktiv. Er hat ein Ziel und geht dieses strategisch an.

1   Er verschafft sich Klarheit, worin die Anforderung besteht und wie die Verbesserung bzw. die Lösung aussehen soll.

2   Er formuliert die Verbesserung bzw. Lösung angemessen und klar, sodass sie für das Gegenüber annehmbar und verständlich ist.

3   Er zeigt Zielstrebigkeit, indem er das Ziel im Auge behält und bei Bedarf die eigene Durchsetzungskraft steigert.

In manchen Situationen ist es angemessen, Wünsche zu äußern (z. B. „Ich wünsche mir, dass du mir hin und wieder Rosen mitbringst."), in anderen ist es besser, Erwartungen zu setzen („Ich erwarte, dass wir uns die Arbeit gerecht aufteilen.").

Doch was tun, wenn die Aufforderungen auf taube Ohren stoßen? Wenn die positiven und lösungsorientierten Impulse nicht aufgenommen und umgesetzt werden? Was tun, wenn auch Erwartungen und Forderungen nicht erfüllt werden?

Wichtig ist, was Konsequenzen hat

Stellen Sie sich vor, Sie suchen schon eine halbe Stunde nach einem freien Parkplatz. Weit und breit ist keine Lücke zu sehen. Dann kommen Sie zu einer Halteverbotszone und beschließen, hier zu parken. Bei Ihrer Rückkehr finden Sie Ihr Auto zu Ihrer Erleichterung ohne Strafzettel vor. Was machen Sie beim nächsten Mal, wenn Sie wieder keinen Parkplatz finden? Vermutlich denken Sie: „Das ging ja gut, da parke ich wieder!" Das Parken im Halteverbot hatte ja keine negativen Konsequenzen.

Wenn wir vor der Wahl stehen, eine weitere halbe Stunde um den Häuserblock zu kurven oder ohne Nachteile im Halteverbot zu parken, entscheiden wir uns gerne für die bequemere Lösung, auch wenn wir wissen, dass wir damit gegen die Verkehrsordnung verstoßen.

Was passiert dagegen, wenn das Handeln, also z.B. das Parken in der Halteverbotszone, Konsequenzen hat? Wie verhalten Sie sich beim nächsten Mal, wenn Sie für das Parken 30 Euro Geldbuße zahlen mussten? Oder wenn Ihr Wagen gar abgeschleppt wurde und Sie ihn nur gegen Zahlung von 300 Euro auslösen konnten? Höchstwahrscheinlich entscheiden Sie sich bei der nächsten Parkplatzsuche gegen das Parken im Halteverbot.

Nicht nur beim Parken ist es so: Wir wägen in allen Situationen die Varianten ab und entscheiden uns für die am günstigsten erscheinende.

> Wichtig ist, was Konsequenzen hat. Unwichtig für unser Handeln ist, was keine Folgen nach sich zieht.

Fehler haben Konsequenzen

Auch Fehler haben Folgen. Durch das Verdeutlichen der Konsequenzen wollen wir erwünschtes Verhalten fördern bzw. unerwünschtes Verhalten unterbinden.

Wunsch-Strategie	Konsequenz
Bitte verwende beim Schweißen immer die Schutzbrille, ...	... sonst gefährdest du deine Augen und kannst erblinden.
Bitte achte auf eine sorgfältige Handhygiene, ...	... sonst können sich lebensgefährliche Keime verbreiten.
Bitte mach die ausstehende Bestellung noch heute fertig, ...	... sonst erhalten wir die Lieferung nicht mehr termingerecht.
Bitte achte im Team auf einen kollegialen Umgangston, ...	... sonst kommt es zu Ärger und Problemen in der Zusammenarbeit.
Bitte melde diesen kritischen Fehler umgehend den Verantwortlichen, ...	... sonst führt das zu erheblichen Mehrkosten und Sicherheitsrisiken.

Positive und negative Konsequenzen

Konsequenzen sind nicht unbedingt an Fehler geknüpft. Wir können Sie auch als Steuerungsinstrumente einsetzen, um das Verhalten anderer zu beeinflussen. Wir bieten ihnen Optionen. Die anderen haben dann die Wahl. Sie können sich für ein für sie vorteilhaftes Handeln oder gegen ein für sie nachteiliges Handeln entscheiden. Das funktioniert im Privatleben als Eltern gegenüber Kindern, unter PartnerInnen oder FreundInnen. Auch im Arbeitsalltag kann man sie nutzen: als Führungskraft gegenüber Teammitgliedern, unter KollegInnen oder auch im Verhältnis zu GeschäftspartnerInnen.

Dabei haben Sie zwei Möglichkeiten: Sie können zwischen positiven und negativen Konsequenzen wählen, zwischen „Belohnung" oder „Bestrafung". Indem Sie die Konsequenzen aufzeigen, schaffen Sie zusätzliche Motivation für das gesetzte Ziel. Bei Zielerreichung wird entweder etwas Erstrebenswertes erreicht, oder ein negativer Effekt vermieden.

Positive Konsequenz	Negative Konsequenz
Bitte lern heute für die Prüfung. Dann können wir am Sonntag einen Ausflug machen.	Bitte lern heute für die Prüfung. Anderenfalls musst du am Sonntag zu Hause bleiben und lernen.
Bitte mach den Einkauf. Dann koche ich etwas Gutes.	Bitte mach den Einkauf, sonst gibt es Tiefkühl-Pizza.
Bitte korrigier den Bericht. Dann ist der Chef zufrieden.	Bitte korrigier den Bericht. Anderenfalls bekommst du Ärger.
Bitte macht das Labor bis 17 Uhr sauber. Dann läuft morgen bei der Kontrolle alles glatt.	Bitte macht das Labor bis 17 Uhr sauber, sonst gibt es eine Beanstandung.
Bitte melde kritische Fehler, die dir passieren. Damit beweist du Verantwortungsbewusstsein.	Bitte melde kritische Fehler, die dir passieren. Sonst hast du mit arbeitsrechtlichen Konsequenzen zu rechnen.
Buchen Sie noch diesen Monat. Dann erhalten Sie den Frühbucherrabatt!	Buchen Sie noch diesen Monat, sonst sind die besten Angebote weg.

Überlegen Sie, ob in der jeweiligen Situation positive oder negative Konsequenzen angemessen sind. Nicht immer passt eine Belohnung (z. B. „Wenn du pünktlich zur Arbeit kommst, bekommst du einen Bonus"), oft ist auch eine Bestrafung (z. B. „Wenn du Fehler machst, bekommst du eine Abmahnung.") unangemessen.

> Setzen Sie positive Konsequenzen, wenn besondere Leistungen, z. B. hoher Einsatz, positive Entwicklungen oder herausragende Erfolge, erbracht werden. Je höher die Leistung ist, desto höher kann die Belohnung sein.

Angemessene Konsequenzen

Achten Sie darauf, dass Sie angemessene Konsequenzen wählen. Die Relation zwischen Anforderung und Auswirkung muss stimmen. „Wenn du die Lehrabschlussprüfung mit Auszeichnung schaffst, bekommst du eine Schokolade", ist ebenso wenig angemessen wie „Wenn du die Lehrabschlussprüfung mit Auszeichnung schaffst, bekommst du einen Management-Posten".

Kündigen Sie nur Konsequenzen an, die realistisch sind (z. B. „Wenn du die Gäste freundlich bedienst, bekommst du mehr Trinkgeld") bzw. die Sie selbst realisieren können (z. B. „Wenn wir unsere Kundenzufriedenheitswerte um 15 % verbessern, spendiere ich eine vollautomatische Espressomaschine.").

Damit Konsequenzen als Steuerungsinstrumente wirken, empfehlen sich folgende Umsetzungsschritte.

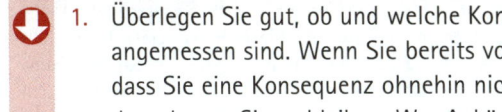

Schritt für Schritt richtig Konsequenzen setzen

1. Überlegen Sie gut, ob und welche Konsequenzen angemessen sind. Wenn Sie bereits vorher wissen, dass Sie eine Konsequenz ohnehin nicht ziehen, dann lassen Sie es bleiben. Wer Ankündigungen macht und sie nicht umsetzt, macht sich nur unglaubwürdig.

2. Kündigen Sie Konsequenzen im Vorfeld an, die als Motivator für das erwünschte Handeln wirken. Wenn Konsequenzen ohne Vorankündigung erfolgen, wirken sie willkürlich und zufällig, wie eine Belohnung oder Bestrafung aus heiterem Himmel.

3. Geben Sie ausreichend Zeit für die Umsetzung und prüfen Sie, ob das Ergebnis erreicht wurde.

4. Setzen Sie die Konsequenzen konsequent um. Nur so bleiben Sie glaubwürdig und stellen sicher, dass man die von Ihnen angekündigten Folgen beim nächsten Mal ernst nimmt und nicht für leere Drohungen oder hohle Versprechungen hält.

Wenn die Hierarchie eine Rolle spielt

Im beruflichen als auch privaten Umfeld kommen immer wieder Situationen vor, in denen klare Worte notwendig sind, auch zwischen Führungskraft und Team.

Beispiel:

Hannes hat sich dank seiner hohen Fachkompetenz zum Fachbereichsleiter emporgearbeitet. Die Führung seines Teams fällt ihm schwer. Er agiert vorsichtig und zaghaft, scheut Anweisungen und nutzt stattdessen den Konjunktiv. Auf Hinweise wie „Ich würde mich freuen, wenn mal alle die Abgabetermine einhalten würden", oder „Könnte sich jemand mal um die Kundenbeschwerde kümmern?", folgen keine Reaktionen. Hannes merkt, dass seine Kommunikation nicht klappt und meint nachdenklich: „Ich hatte immer so einen autoritären Chef. Da habe ich mir vorgenommen, so will ich nicht werden. Aber auf diese Art funktioniert es auch nicht!"

Wenn Führungskräfte Kritik üben

Führungskräfte tragen die Verantwortung für den reibungslosen Prozessablauf in ihren Teams und für die Ergebnisse ihrer Aufgaben und Projekte. Fehler anzusprechen und für eine schnelle Verbesserung zu sorgen, gehört zum Tagesgeschäft. Nur so können Qualität und Sicherheit gewährleistet werden. Darüber hinaus haben sie auch die Fürsorgepflicht für ihre MitarbeiterInnen. Ihre Aufgabe ist es daher, darauf zu achten, dass das Verhalten aller Teammitglieder angemessen und richtig erfolgt und psychische wie physische Schäden verhindert werden. Auch aus diesem Grund ist es notwendig, Fehlverhalten anzusprechen und für Verbesserungen zu sorgen.

Für Führungskräfte gilt die Devise: „Nicht mit Kanonen auf Spatzen schießen!" Die meisten Problemfälle lassen sich mit einer klar formulierten Bitte oder einem konkreten Appell aus der Welt schaffen. Wenn der Fehler oder das Fehlverhalten jedoch erneut auftritt, können Sie hier zur Erwartung oder Forderung greifen. Nur in seltenen Fällen sollte es notwendig sein, mit der Anordnung oder Anweisung die stärksten Mittel einzusetzen.

Beispiel:

Ein Jahr später zählt Hannes noch immer zu den freundlichen und verständnisvollen Chefs. Mittlerweile wird er jedoch nicht mehr als Weichei verspottet. Er zieht sich nicht mehr in die Facharbeit zurück, sondern schaut vor allem, wie die Arbeit im Team läuft. Kleinigkeiten spricht er gleich an, gibt Tipps, wie etwas besser zu machen ist. Wenn er merkt, dass Regeln missachtet werden, bittet er um „ein 5-Minuten-Gespräch unter vier Augen". Da legt er klar, was er sich erwartet. Er schmunzelt und erzählt voller Freude über seine persönliche Entwicklung: „Ich hatte immer Angst vor dem Beinamen ‚Hannes, der Schreckliche'. Doch nun bin ich `Hannes, der Verbesserer` geworden."

Testen Sie anhand der folgenden Tabelle, wie gut es Ihnen gelingt, Fehler in einem Team anzusprechen. Achten Sie darauf, die unterschiedlichen Instrumente (Appell sowie Ich-Botschaften vom Wunsch bis zur Anordnung) einzusetzen.

Vorfall/Fehler	Wunsch-Strategie
Die eben abgelieferte Grafik ist schlecht gemacht und fehlerhaft.	
Im Bericht stehen noch immer die bereits beanstandeten Fehler.	

Vorfall/Fehler	Wunsch-Strategie
Im Lager herrscht trotz Ermahnung noch immer großes Chaos.	
Eine Mitarbeiterin feindet laufend die neue Team-Assistentin an.	
Ein Mitarbeiter redet in unangemessenem Ton mit einem Kunden.	
Ein Azubi trägt in einer kritischen Situation keine Schutzbrille.	

Als Führungskraft sprechen Sie Fehler richtig an, wenn Sie folgende Tipps beachten.

- **Achten Sie auf Wertschätzung:** Zeigen Sie Ihren Mit-arbeiterInnen Respekt und Verständnis, auch wenn ihnen mal ein Fehler passiert (freundliche Körpersprache, wert-schätzende Haltung).

- **Reagieren Sie zeitnah:** Sprechen Sie Fehler gleich in der konkreten Situation an, außer es besteht die Gefahr, dass die MitarbeiterInnen dadurch einen Gesichtsverlust erlei-den, z.B. vor wichtigen KundInnen oder im Team.

- **Freundlichkeit ist die beste Methode:** Wählen Sie posi-tive Formulierungen, fassen Sie diese in einen Appell oder eine Bitte.

- **Verschaffen Sie sich Gehör:** Achten Sie auf eine Steigerung Ihrer Durchsetzungskraft, wenn dieselben Fehler wiederholt auftreten (bei Bedarf bis hin zur Anordnung).

- **Setzen Sie Konsequenzen:** Prüfen Sie, ob Sie mit angemessenen Konsequenzen die gewünschte Verbesserung unterstützen können (positive bzw. negative Konsequenzen).

- **Bitten Sie zum Vier-Augen-Gespräch:** Sorgen Sie in einem klärenden Gespräch für Verbesserung, wenn Ihre bisherigen Impulse ins Leere laufen (siehe hierzu auch das nächste Hauptkapitel).

- **Bei Gefahr im Verzug ist eine schnelle Wirkung nötig:** Setzen Sie von Anfang an starke Formulierungen ein, wenn gravierende Fehler oder Risiken auftreten (Erwartung, Forderung, Anordnung).

Wenn Führungskräfte Fehler machen

Nicht nur MitarbeiterInnen machen Fehler. Auch Führungskräften passieren sie – oft ohne dass sie es merken. Den kritischen Blicken der Teammitglieder entgeht jedoch wenig. Wie sieht es folglich aus, wenn MitarbeiterInnen Fehler ihrer Führungskraft feststellen? Sollte man am besten gar nichts sagen? Lautet die Devise: „Nur nicht kritisieren – und schon gar nicht vor versammelter Mannschaft"?

Eins ist klar: Führungskräfte lassen sich nicht gerne kritisieren, schon gar nicht öffentlich. Oft erleben sie das gleich als doppelte Kampfansage: als persönlichen Angriff und als Angriff auf ihre Autoritätsposition. Es steht jedoch auch fest:

Führungskräfte, die keine Kritik zulassen, gehen ein hohes Fehlerrisiko ein. Ist man als Chef umgeben von Ja-Sagern und Heuchlern, fehlt ein wichtiges Korrektiv. Die Folgen sind Fehlentscheidungen und Selbstüberschätzung.

Das Verhältnis zwischen Führungskräften und Team ist seit Jahrzehnten im Wandel. War früher Schweigen und Unterwerfung von „Untergebenen" gegenüber den „Vorgesetzten" angebracht, erwarten moderne Führungskräfte und Teams nun wechselseitigen Respekt und partnerschaftliche Kooperation.

Beispiel:

 Die Koreanische Fluglinie Korean Airways verzeichnete über Jahre hinweg eine auffällig hohe Absturzhäufigkeit. Die Black-Box-Auswertungen führten zur Erkenntnis, dass diese Abstürze keine technischen Ursachen hatten, sondern vielmehr durch einen falschen Umgang mit Fehlern verursacht wurden. Als kritischer Faktor entpuppte sich das hierarchische Verhältnis zwischen Pilot und Kopilot. Vielfach hatten Kopiloten Fehler erkannt, doch sie konnten sich kein Gehör verschaffen. Asiatische Verhaltensmuster wie höfliche Zurückhaltung, indirekte Kommunikation und Scheu vor Kritik am Vorgesetzten hatten sie selbst in der Gefahr verstummen lassen und ihnen sowie den Piloten und Passagieren das Leben gekostet.

Machtdistanz fördert Schweigen

Hinderlich für den offenen Umgang mit Fehlern erweist sich eine hohe Machtdistanz. Darum haben nicht nur Fluglinien erkannt: Es braucht Teammitglieder, die Fehler wahrnehmen und auch ansprechen können. Und es braucht Führungskräfte, die Kritik auch annehmen können. Aus diesem Grund wurden in der Luftfahrt Konzepte entwickelt, die unter der Bezeichnung „Crew Ressource Management" die Selbstbehauptung der Crew stärken und KopilotInnen sogar die Übernahme des Kommandos erlauben.

Starke Führungskräfte schätzen den scharfen Blick und Verstand ihrer Teammitglieder. Sie fördern kritisches Denken und lassen Kritik zu. Sie erwarten jedoch, wie wir alle, einen konstruktiven und wertschätzenden Umgang. Führungskräfte sind schließlich auch nur Menschen.

Beispiel:

> Vor drei Monaten begann der Stress. Das Management hatte eine Umorganisation beschlossen; die Abteilungsleiterin ist nun fast permanent unterwegs. Viele Sachen bleiben liegen. Als die Chefin endlich mal wieder da ist, nützt Esra die Chance: „Frau Bauer, ich bitte Sie, dass Sie meine Seminaranmeldung unterzeichnen. Wenn ich mich diese Woche noch anmelde, bekommen wir noch 20 % Frühbucher-Ermäßigung." „Danke, dass Sie mich erinnern", sagt sie, „machen wir es gleich!" Auch Amelie wartet schon seit Wochen auf eine Unterschrift. Ermuntert durch Esras Erfolg spricht sie die Abteilungsleiterin auf deren Versäumnis an: „Frau Bauer, Sie haben meinen Urlaubsantrag auch noch nicht unterschrieben!". Beleidigt fügt sie hinzu: „Wenn das so weitergeht, raubt mir das noch das letzte bisschen Motivation!" Genervt blickt die Chefin Amelie an: „Dann sollten wir erst mal über die weitere Zusammenarbeit reden."

Häufig passieren MitarbeiterInnen klassische Denkfehler, die ein konstruktives Gespräch verhindern. Das Scheitern der Gespräche kann folgende Gründe haben.

- **Angst:** Ein häufiger Denkfehler basiert auf Furcht. „Wenn ich meine Führungskraft kritisiere, muss ich mit Rache und Repressalien rechnen. Also muss ich schweigen!"

- **Unterwürfigkeit:** Ein weiterer Denkfehler liegt in einem falschen Rollenverständnis. „Ich bin ja nur ein kleines Nichts, Kritik steht mir nicht zu. Ich habe ja nichts zu sagen!"

- **Kaltschnäuzigkeit:** Falsch ist jedoch auch aggressive Arroganz. „Die Führungskräfte erhalten Schmerzensgeld. Folglich müssen sie auch herbe Kritik ertragen!"

Der Ton macht die Musik. Das gilt auch für die Fehlerkommunikation mit Führungskräften. Auch bei ihnen braucht es Fingerspitzengefühl. Überprüfen Sie, wie gut es Ihnen gelingt, als Mitarbeiterin oder Mitarbeiter Ihre Wünsche angemessen zu formulieren.

Vorwurf	Wunsch-Strategie
Ihr Chef ...	Sie sagen:
• hat Sie erneut ungerechtfertigt unterbrochen.	
• hat Sie bei der Jahresprämie übergangen.	
• hat Ihren Sondereinsatz nicht gewürdigt.	
• reagiert nicht auf die chronische Überlastung im Team.	
• hat wichtige Aspekte übersehen und eine Fehlentscheidung getroffen.	

Erinnern Sie sich an die Tipps für Führungskräfte aus dem vorherigen Abschnitt? Dann haben Sie sicherlich auch bemerkt, dass dieselben Regeln auch für die Kritik an Führungskräften gelten. Auch wenn es sich um ein hierarchisches Verhältnis handelt: für die (Fehler)Kommunikation gelten dieselben Grundsätze, und zwar wechselseitiger Respekt und Wertschätzung, partnerschaftliche Kommunikation und Kooperation sowie konsequente Lösungsorientierung.

Wie Sie Vorwürfe anderer entschärfen

Die Wunsch-Strategie erweist sich als wirkungsvolles Vorgehen, um den eigenen Ärger über Fehler zu bewältigen und konstruktive Lösungen aufzuzeigen. Doch was tun, wenn sich andere über uns ärgern? Wenn sie uns Vorwürfe machen, weil uns ein Fehler unterlaufen ist?

Agieren statt reagieren

Wenn nun ein Vorwurf an uns gerichtet wird, rutschen wir schnell in alte Reaktionsmuster. Fight or Flight lautet dann die impulsive Reaktion unseres Stammhirns. Schlagartig werden wir von Adrenalin überflutet, steigt unser Herzschlag, sammeln wir die Kräfte für den Kampf oder die Flucht.

Nichts wäre leichter, als – je nach Veranlagung – mit Gegenvorwürfen zum vernichtenden Gegenschlag auszuholen oder sich der unangenehmen Situation einfach zu entziehen. Doch wir können auch die Notbremse ziehen: erst einmal nicht reagieren, sondern durchatmen, einen Moment innehalten, uns beruhigen und das Großhirn wieder einschalten. Das brauchen wir, um uns an die Methode „Wünsche statt Vorwürfe" zu erinnern. Sie hilft auch, wenn uns selbst ein Fehler vorgeworfen wird.

Den Wind aus den Segeln nehmen

Es ist ganz einfach: Sie drehen die Wunsch-Strategie in solchen Situationen nur um. Während Sie eigene Vorwürfe als Wünsche formulieren, fragen Sie bei Vorwürfen, die Ihnen gemacht werden, nach dem Wunsch Ihres Gegenübers.

Versuchen Sie den Wunsch zu erkunden, der im Vorwurf des anderen steckt. Sagt jemand zu Ihnen „Du kümmerst dich nie um etwas!", können Sie fragen: „Was möchtest du, das ich übernehme?". Auf „Ständig muss ich deine Fehler ausbügeln!", passt die Frage „Was kann ich besser machen?". Dem Vorwurf „Jetzt haben Sie schon wieder Ausschuss produziert!", können Sie die Frage entgegensetzen „Was kann ich bzw. was können wir unternehmen, um den Fehler fortan zu vermeiden?"

Indem Sie nach dem Wunsch fragen, nehmen Sie dem anderen den Wind aus den Segeln. Sie entwaffnen ihn durch Aufmerksamkeit, Offenheit und Kooperationsbereitschaft. Dadurch signalisieren Sie, dass Sie an einer guten Leistung, an einer guten Zusammenarbeit bzw. einem guten Miteinander interessiert sind und aktiv zu Verbesserungen beitragen wollen.

Lassen Sie sich nicht durch Vorwürfe provozieren. Erkunden Sie den Wunsch, der hinter dem Vorwurf steckt. Sie beweisen damit Kooperationsbereitschaft und Lösungsorientierung.

Testen Sie anhand der folgenden Tabelle, wie gut es Ihnen gelingt, die Wünsche des anderen zu erfragen. Lassen Sie sich dabei von den ersten drei Antwortbeispielen inspirieren.

Vorwurf	Frage nach dem Wunsch
Deine Argumentation ist nicht nachvollziehbar!	Welche Aspekte muss ich besser begründen?
Du hast dich beim Verhandeln falsch verhalten!	Worauf soll ich das nächste Mal besonders achten?
Du entziehst dich deiner Verantwortung!	Welche Arbeit steht noch an?
Du verwendest völlig veraltete Daten!	
Du machst das immer so langsam und umständlich!	
Ständig sonderst du dich vom Team ab!	
Du hältst dich nie an die Sicherheitsvorschriften!	

Auch im Privatbereich bewährt es sich, die Wünsche und Verbesserungsmöglichkeiten zu erkunden. Wie gut gelingt es Ihnen gegenüber Ihren Kindern und Liebsten?

Vorwurf	Wunsch-Frage
Nie hast du Zeit für mich!	Was möchtest du gerne mit mir unternehmen?
Du hast schon wieder unseren Hochzeitstag vergessen!	Was kann ich tun, um mein Versäumnis wieder gut zu machen?
Du liebst mich nicht mehr!	Wie kann ich dir meine Liebe beweisen?
Ständig muss ich mich allein um den Haushalt kümmern!	
Immer fällst du mir in den Rücken!	
Ihre Kinder lärmen ständig herum!	

Ist Ihnen die Übung gelungen? Gratulation! Sie sind auf einem guten Weg! Es gelingt Ihnen, Vorwürfe zu überwinden, die Fehler Ihrer Mitmenschen konstruktiv anzusprechen und Verbesserungen zu initiieren. Und Sie können Vorwürfe über Ihre eigenen Fehler in konstruktive Bahnen lenken.

Im Folgenden noch ein paar nützliche Tipps, wie Sie Vorwürfe entschärfen können.

- Bleiben Sie ruhig. Lassen Sie sich vom Vorwurf nicht provozieren und zu einem Gegenschlag verleiten.
- Erkunden Sie mit einer offenen Frage den Wunsch, der hinter dem Vorwurf des anderen steckt.

- Hören Sie sich den Wunsch an.

- Überlegen Sie, ob und wie Sie diesen Wunsch erfüllen können.

- Bieten Sie eine akzeptable Alternative an, wenn Sie den Wunsch nicht erfüllen können bzw. wollen.

Wenn schwere Fehler auftreten

Kleine Fehler spricht man am besten gleich in der Situation an: freundlich, direkt und lösungsorientiert. Das Ansprechen erfolgt in ganz normalen Alltagssituationen, kann auch einmal im Vorbeigehen sein oder zwischen Tür und Angel. Bei kleinen Fehlern geben Wünsche unserem Gegenüber einen klaren Impuls für das richtige Handeln oder Verhalten. Da braucht es kein „Ich möchte mal in Ruhe mit dir sprechen. Können wir uns zusammensetzen? Wann hast du mal Zeit?"

Doch wir haben es nicht nur mit kleinen Fehlern zu tun. Manchmal besteht der Schaden, der aus dem Handeln oder Unterlassen einer Person resultiert, nicht nur in Ärger und Stress. Manchmal kosten uns die Fehler anderer auch eine Menge Zeit und Geld oder haben uns Mühen und Schmerzen bereitet. Das beiläufige Ansprechen reicht dann nicht mehr. Vielmehr ist nun ein gemeinsamer Austausch angezeigt. Solche Fehlergespräche sind notwendig,

- wenn konstruktive Impulse ins Leere laufen und Ihre Wünsche kein offenes Ohr finden,

- wenn Verbesserungen ausbleiben, weil die wahren Ursachen nicht erkannt wurden,

- wenn die Probleme vielschichtig sind bzw. einfache Lösungen nicht auf der Hand liegen,

- wenn die Lösungen mehr Einsatz erfordern als guten Willen und entschlossenes Handeln,

- wenn Vereinbarungen und ein koordiniertes Vorgehen notwendig sind.

Ob es sich um das Schulversagen des Nachwuchses handelt oder um hartnäckige schlechte Gewohnheiten der Liebsten, um einen Dauerclinch im Büro oder wiederholte Pflichtverletzungen eines Teammitglieds, um eine Beschwerde bei einem Serviceanbieter oder einen ärztlichen Behandlungsfehler: Manchmal kommen wir um klare Worte und ein offenes Gespräch nicht herum.

Beispiel:

Als Unternehmerin holt sich Lisa regelmäßig rechtlichen Beistand. Seit Jahren hat sie einen Anwalt ihres Vertrauens. Doch als sie nun das Schreiben des Gerichts in den Händen hält, ist sie fassungslos: Sie wurde zur Zahlung verurteilt! Dabei hat ihr der Anwalt versichert, dass sie völlig im Recht sei. Sie studiert den Urteilstext genauer und erfährt so, dass sie den Prozess wegen eines Formfehlers verloren hat. Tagelang plagt sie die Wut auf ihren Anwalt. Tagelang schwankt sie zwischen resignativen und aggressiven Reaktionen, zwischen „Schwamm drüber" und „Den Deppen verklag ich!". Doch langsam findet sie einen Weg: Sie will ihren Anwalt auf seinen Fehler ansprechen. Lisa macht sich zu den Fakten Notizen. Sie überlegt, welche Interessen und Ziele sie hat und welche Lösungen sie sich vorstellen kann.

Der Fehler ist schon passiert. Er lässt sich nicht mehr rückgängig machen. Aber es lassen sich Folgefehler vermeiden! Eine Eskalation, z.B. ein Streit, eine Trennung oder Kündigung bzw. ein Rechtsstreit, ist für beide Seiten eine überaus hohe Belastung. Da zahlt es sich schon aus, frühzeitig eine gute Lösung zu finden.

Die sachliche und die emotionale Ebene

Bei gravierenden Fehlern kommt zu einem größeren Schaden auf der Sachebene oft auch eine emotionale Begleitproblematik hinzu. In einem Gespräch über schwere Fehler treffen folglich Personen aufeinander, die zwei Hürden zu bewältigen haben:

1 die Klärung der Sachlage und eine adäquate Lösungsfindung,

2 das Umgehen mit Emotionen, den eigenen und denen des Gegenübers.

Damit das Gespräch zu einer guten Lösung führt, empfiehlt es sich, sich sorgfältig auf die Begegnung vorzubereiten und die eigenen sozialen und kommunikativen Kompetenzen aufzupolieren. Es lohnt sich für beide Seiten, Gespräche über schwere Fehler mit großer Achtsamkeit zu führen.

Checkliste: Schwere Fehler ansprechen

- **Bereiten Sie sich gut auf das Gespräch vor:** Sammeln Sie sowohl Fakten als auch Lösungsvorschläge und halten Sie diese schriftlich fest. Das hilft Ihnen, in der Stresssituation sachlich und lösungsorientiert zu bleiben.

- **Formulieren Sie die Vorfälle als Ich-Botschaften:**
  Vermeiden Sie aggressiv klingende Du-Botschaften
  („Du hast ..." bzw. „Sie haben das und das gemacht!") und wählen Sie stattdessen gesprächs-
  fördernde Ich-Botschaften, z. B. „Ich habe das und
  das beobachtet.", „Ich habe dies und jenes erlebt."

- **Bleiben Sie sachlich:** Unterlassen Sie Interpretationen, Psychologisierungen und Urteile („Sie
  haben keine Kompetenz! Sie sind verantwor-
  tungslos!") und bringen Sie stattdessen Fakten
  und Argumente vor, z. B. „Ich habe von Ihnen ...
  bekommen. Das hat zu diesen Problemen geführt
  und folgenden Schaden verursacht ..."

- **Benennen Sie Ihre Wünsche und Erwartungen:**
  Unsere GesprächspartnerInnen können nicht Gedanken lesen. Sprechen Sie darum Ihre Erwartungen aus und sagen Sie, was Sie sich von ihnen
  wünschen. Erläutern Sie Ihre Lösungsvorschläge,
  z. B. „Ich erwarte eine Entschuldigung" oder „Ich
  möchte, dass Sie mir ein Angebot für ... vorlegen."

- **Schenken Sie (bei Bedarf) Zeit:** Geben Sie Ihrem
  Gegenüber Zeit, sich ein eigenes Bild der Sachlage
  zu verschaffen und das Gespräch zu verarbeiten.
  Vereinbaren Sie jedoch gleich die nächsten
  Schritte, z. B. „Ich bitte Sie, dass Sie meine Kritik-
  punkte überprüfen und wir in zwei Wochen das
  Gespräch zur gemeinsamen Lösungsfindung fort-
  setzen."

Je früher die Gespräche geführt werden, je offener und konstruktiver sie verlaufen, umso leichter lässt sich eine für beide
Seiten zufriedenstellende Lösung finden.

Beispiel:

Lisa hat nun mit ihrem Anwalt einen Termin vereinbart. Pünktlich
erscheint sie in der Kanzlei. Lisa hat ihre Unterlagen vor sich und
fasst die Geschichte aus ihrer Sicht zusammen: „Ich bin schon
lange Ihre Klientin und mit Ihrer Beratung sehr zufrieden. Doch in
diesem Fall ist etwas schief gelaufen. Ich habe den Prozess verloren, obschon es sich, wie Sie gesagt haben, um eine „absolut
sichere Sache" gehandelt hat. Im Urteil steht, dass der Einspruch
nicht zeitgerecht eingegangen ist."

Lisa reicht dem Anwalt das Urteil. Dann fährt sie fort: „Mir ist es
wichtig, hier eine gute Lösung zu finden. Ich möchte Sie gerne
als Anwalt behalten, möchte aber keineswegs auf dem Schaden
sitzen bleiben. Möchten Sie erst die Sachverhalte prüfen oder
können wir gleich besprechen, wie wir weiter vorgehen?"

Wie Sie mit massiver Kritik souverän umgehen

Doch nicht nur für die geschädigte Person, auch für die
Fehlerverursacher führen gravierende Fehler zu großen Belas-
tungen. Je nach Fehler und Fehlerfolge können emotionale
Begleiterscheinungen wie Selbstwertkrisen, Scham, Schuldge-
fühle, Verzweiflung, Angst vor Image- oder sogar Jobverlust
und rechtlichen Konsequenzen, wiederkehrende Albträume,
Panikzustände etc. auftreten.

Mit Kritik umzugehen ist alles andere als leicht. Wird man mit ihr konfrontiert, gerät man schnell unter Stress und reagiert mit archaischen Mustern: Fight or Flight, Kampf oder Flucht. Am liebsten würde man dem Gespräch ausweichen bzw. die Auseinandersetzung verweigern. Oder zu kämpfen beginnen, sich verteidigen und das Gegenüber mit ein paar Killerphrasen abblocken bzw. gleich mit Gegenvorwürfen angreifen. Doch damit ist Niemandem gedient. Das verschlechtert nur das Gesprächsklima und blockiert eine konstruktive Lösung.

Auch Fehlerverursacher können durch professionelle Gesprächstechniken wesentlich dazu beitragen, dass das Gespräch über ihren schweren Fehler konstruktiv verläuft.

Beispiel:

Christoph ist ein ehrgeiziger Anwalt. Er neigt zum Perfektionismus und ist es gewohnt, vor Gericht zu siegen. Doch nun sitzt Lisa vor ihm, eine langjährige Klientin. Sie trägt ihre Kritik vor. Fehler zuzugeben fällt Christoph nicht leicht. Doch hier gab es zweifellos ein Missverständnis in der Kanzleiorganisation. „Ich danke Ihnen, dass Sie direkt zu mir gekommen sind. Und ich verstehe Ihren Ärger. Da ist bei uns etwas schief gelaufen. Das ist eindeutig unser Fehler. Ich bedaure das sehr."

Er merkt, dass nun bei beiden viel Anspannung wegfällt. Gemeinsam erheben sie den Schaden, berechnen die genauen Gerichtskosten und die gegnerischen Anwaltskosten. Christoph sagt schließlich: „Dafür übernehme ich als Anwalt die Verantwortung. Ich ersetze Ihnen Ihren Aufwand. Das macht zwar kein Anwalt gerne, aber dafür werde ich meine Haftpflichtversicherung in Anspruch nehmen." Christoph überlegt kurz: „Als kleine Wiedergutmachung für Ihren Zeitaufwand möchte ich Sie auch gerne zu einem guten Mittagessen einladen. Sind Sie damit einverstanden?" Lisa ist zufrieden. Gemeinsam konkretisieren sie die Details. Dann kommen sie ins Plaudern. Beide sind erleichtert, diese „Krise" gut gemeistert zu haben.

Wenn Sie auf einen schweren Fehler angesprochen werden

 1. **Hören Sie aktiv zu:** Ermutigen Sie Ihr Gegenüber zum Sprechen, signalisieren Sie auch auf nonverbaler Ebene Interesse und Offenheit. Notieren Sie sich Stichworte. Das erleichtert Ihnen das Zuhören und zeigt Ihre Aufmerksamkeit.

 2. **Bedanken Sie sich:** Bedanken Sie sich für die Zeit, die sich Ihr Gegenüber für das Gespräch mit Ihnen genommen hat. Oder danken Sie für ihre bzw. seine Offenheit, Aufmerksamkeit und das Vertrauen. Betrachten Sie das Äußern der Kritik als einen Vertrauensbeweis und die Kritik als ein Geschenk, z. B. „Ich danke Ihnen, dass Sie gleich zu mir gekommen sind!", „Ich danke Ihnen, dass Sie mir das gesagt haben."

 3. **Beweisen Sie Einfühlungsvermögen:** Zeigen Sie Verständnis für die emotionale Situation Ihres Gegenübers und nehmen Sie nicht nur die Sachlage, sondern auch den betroffenen Menschen mit seinen Emotionen wahr. Fassen Sie Ihre Empathie in Worte, z. B. „Ich verstehe Ihren Ärger", „Mir wäre es auch so gegangen.", „Ich kann gut nachfühlen, welche Ängste Sie ausgestanden haben!"

4. **Bekunden Sie Ihr Bedauern:** Vermeiden Sie
   Schulddebatten („Das ist nicht meine Schuld!").
   Bedauern Sie vielmehr das Vorgefallene, egal ob
   Sie dafür Verantwortung tragen oder nicht. Eine
   Entschuldigung ist noch lange kein Schuldbe-
   kenntnis. Zeigen Sie jedoch bei Bedarf die Stärke,
   Verantwortung für Ihr Tun zu übernehmen, z.B. „Es
   tut mir leid, dass Sie Ärger / Stress / Schmerzen /
   Kosten hatten!", „Ich entschuldige mich für ..."

5. **Wenden Sie sich der Zukunft und den Verbesserungen zu:** Versuchen Sie, aus den Vorwürfen die
   Wünsche und aus der Kritik die Vorschläge he-
   rauszufiltern. Fragen Sie, was genau sich Ihr Gegenüber von Ihnen erwartet, welche Wünsche er/
   sie hat, wie Sie seinen/ihren Vorstellungen
   nachkommen können, worin eine angemessene
   Wiedergutmachung bestünde. Fassen Sie diese anschließend zusammen, z.B. „Was genau erwarten
   Sie sich von mir?" bzw. „Wenn ich Sie recht ver-
   standen habe, wünschen Sie sich, dass ich ..."

6. **Treffen Sie Vereinbarungen**: Stimmen Sie den
   Lösungsvorschlägen zu, machen Sie einen an-
   nehmbaren Alternativvorschlag oder verhandeln
   Sie einen Kompromiss. Halten Sie anschließend das
   Ergebnis und das weitere Vorgehen fest, z.B. „Ich
   fasse nun zusammen, worauf wir uns verständigt
   haben."

Ein Gespräch über schwere Fehler verläuft umso produktiver, je stärker die Gesprächspartner konstruktive Gesprächstechniken einbringen. Diese ermöglichen ihnen, die Beziehungsebene zu stärken und auf der Sachebene zufriedenstellende Lösungen zu erarbeiten.

Auf einen Blick: Fehler ansprechen

- Wenn wir uns über Fehler anderer ärgern, begegnen wir den Fehlerverursachern oft mit Vorwürfen.

- Vorwürfe sind kontraproduktiv. Sie erzeugen beim Gegenüber die Reaktionsmuster Kampf oder Flucht. Sie tragen nicht zu einer Problemlösung bei.

- Formulieren Sie Ihre Kritik als Wunsch. Wünsche fungieren bei anderen als Richtungsweiser für Verbesserungen bei Fehlern.

- Das Aufzeigen und Setzen von Konsequenzen stellt ein wichtiges Steuerungsinstrument dar. Es fördert richtiges Handeln und Verhalten.

- Konstruktive Kritik ist wertschätzend, freundlich und lösungsorientiert. Dies gilt für MitarbeiterInnen wie auch für Führungskräfte.

- Vorwürfe anderer wegen eigener Fehler entschärfen Sie, indem Sie offen zuhören, die verborgenen Wünsche herausfinden und gemeinsam Lösungen finden.

Fehler bewältigen

Gut mit Fehlern umgehen zu können, ist nicht alles, um sie nachhaltig zu überwinden. Nur das geeignete Fehlermanagement hilft, sie systematisch zu ergründen und nachhaltig abzustellen.

In diesem Kapitel erfahren Sie,

- wie Sie die wahren Ursachen eines Fehlers herausfinden,
- welche wirksamen Methoden es für die Fehlerbearbeitung gibt,
- wie man am besten aus Missgeschicken und Verfehlungen lernt.

Ursachen statt Symptome bekämpfen

Eine gute Fehlerkultur hat einen konstruktiven zwischenmenschlichen Umgang mit Fehlern zur Grundlage. Nur durch das verantwortungsbewusste Aufzeigen und offene Ansprechen kommen Fehler auf den Tisch. Nur dadurch werden Fehler sichtbar und bearbeitbar. Doch mit einem vertrauensvollen und wertschätzenden Umgang allein ist es nicht getan. Was darüber hinaus noch nötig ist, ist ein guter sachlicher Umgang mit Fehlern. Es ist notwendig, den Fehler zu bearbeiten und zu bewältigen.

Zwischenmenschlicher Umgang mit Fehlern

- Verantwortungsbewusstsein
- Offenheit
- Vertrauen
- Wertschätzung
- konstruktive Gesprächsführung

Sachlicher Umgang mit Fehlern

- Fehlererfassung
- Ursachenanalyse
- Abstellmaßnahmen
- Vorbeugemaßnahmen
- Wirksamkeitsüberprüfung

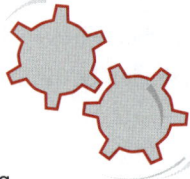

Fehlerbewältigung

Auf der Suche nach den Ursachen

Am Ende einer Fehlerkette steht meist ein Mensch. Da kann man schnell sagen: „Der oder die hat einen Fehler gemacht!" Wir machen es uns jedoch meist zu einfach, wenn wir die Ursache eines Fehlers in der Person suchen.

Beispiel:

> Bruno ist Meister in einem großen metallverarbeitenden Betrieb. Er schimpft gerne, „dass die Werker heutzutage nichts mehr taugen". Soeben hat Arno bei der elektrolytischen Kennzeichnung einen Schaden verursacht. Ein Werkstück ist ihm aus der Hand gerutscht und jetzt deutlich beschädigt: Ausschuss. Bruno hat eine schnelle Lösung zur Hand: „Als Ursache trage ich Werkerfehler ein", sagt er. „Und als Abstellmaßnahme werde ich eine Werkerunterweisung vornehmen." Er schaut streng: „Pass bloß auf!", ermahnt er seinen Mitarbeiter „Wenn dir das nochmal passiert, fliegst du raus!"

In Betrieben mit einer schlechten Fehlerkultur besteht die Tendenz zu oberflächlichen Erklärungen und blindem Aktionismus. Eine sorgfältige Fehlerbearbeitung hat keine Priorität. Doch die vermeintliche Zeitersparnis rächt sich später. Die wahre Ursache wurde nicht erkannt, der Fehler tritt immer wieder auf.

Der Fehler wird zwar gerne an Personen festgemacht, die Fehlerursache liegt jedoch meist nicht im Verursacher. Daher scheitert die Fehleranalyse, die Abstellmaßnahme kann nicht greifen. Der Fehler ereignet sich wieder und wieder und das Auswechseln des Personals bringt keine Verbesserung.

Für einen guten Umgang mit Fehlern gilt ein Grundsatz: „Bekämpfen Sie nicht die Menschen, bekämpfen Sie den Fehler!" Laut Qualitätsmanagement-Experten liegen 85 % der Fehlerursachen im System und nur 15 % bei den MitarbeiterInnen.

Ausgangsbasis für eine systematische Fehlerbearbeitung ist daher eine fundierte Ursachenanalyse. Ohne Kenntnis der Ursachen lassen sich keine guten Lösungen entwickeln. Doch gerade bei der Ursachenanalyse neigen wir dazu, uns allzu schnell zufrieden zu geben. Wir lassen uns vom ersten Eindruck täuschen, wir bleiben an der Oberfläche hängen, wir lassen uns von Symptomen in die Irre führen. Die 5-W-Methode, auch „Five Why" genannt, hilft, die wahren Ursachen zu ergründen.

Die 5-W-Methode

Die 5-W-Methode ist eine Fragetechnik. Mit ihr kann man schnell die tieferen Ursachen für ein Problem erkunden, um später nicht nur das Symptom zu bekämpfen. Die Vorgehensweise ist einfach:

Fragen Sie fünf Mal nach dem Warum. Ihr Gesprächspartner führt Sie mit seinen Antworten automatisch zum Grundproblem.

Beispiel:

1   Meister (M): „Warum ist dir das Werkstück hinuntergefallen?" Arno (A): „Weil mir die Halterung verrutscht ist."

2   M: „Warum ist dir die Halterung verrutscht?" A: „Weil wir hier nur zwei lose Holzkeile verwenden."

3   M: „Warum verwenden wir nur zwei lose Holzkeile?" A: „Weil wir hier keine fixe Vorrichtung haben."

4   M: „Warum haben wir keine fixe Vorrichtung?" A: „Weil sich bislang noch niemand darum gekümmert hat."

5   M: „Warum hat sich noch keiner darum gekümmert?" A: „Weil wir uns nie Zeit nehmen für eine nachhaltige Fehlerabstellung. Wir machen auf schnell-schnell. Wir improvisieren nur. Doch das kommt uns teuer, weil dann immer wieder dieselben Fehler auftreten."

Wir sehen an diesem Beispiel: Dem Werker ist zwar ein Fehler passiert, die tatsächliche Fehlerursache wurde mit „Werker-Fehler" jedoch verkannt.

In den meisten Fällen gelangen Sie mit fünf Warum-Fragen an die Problemursache. Mitunter reichen jedoch weniger Fragen; hin und wieder braucht es ein paar mehr. Häufig gibt es mehrere Möglichkeiten, denen Sie nachgehen können. Behalten Sie diese im Auge und gehen Sie ihnen in der Folge auf den Grund.

Ursachen statt Schuldige suchen

Schuldige zu suchen ist leicht, aber kontraproduktiv. Zum (Wiederholungs-)Fehler beigetragen haben im Beispiel oben gleich einige Personen: der Werker und seine Kollegen, die noch nie auf die mangelhafte Arbeitsplatzvorrichtung aufmerksam gemacht haben, der Meister, der stets vorschnell einen „Werker-Fehler" feststellt und oberflächliche Abstellmaßnahmen trifft, der Teamleiter und die Arbeitsplaner, die den bisherigen Wiederholungsfehlern und Personalwechseln nicht nachgegangen sind, und das Management, das einer nachhaltigen Fehlerabstellung keine Priorität einräumt und keine Ressourcen zur Verfügung stellt. Doch soll man hier einfach alle rauswerfen? Würde man damit das Problem beheben?

Wie schon festgestellt: Es kommt in einer guten Fehlerkultur nicht auf die Schuld an. Sie spielt bei Fehlern keine Rolle. Es darf daher nur darum gehen, die tatsächliche Ursache zu ergründen (unprofessionelle Arbeitsplatzgestaltung) und nachhaltige Abstellmaßnahmen (feste Vorrichtung) zu setzen. Nicht durch oberflächliche Unterweisungen oder durch Drohungen und Angstmache lassen sich Wiederholungsfehler vermeiden, sondern durch substanzielle Verbesserungen.

Das Ursache–Wirkungs–Diagramm

Das Ursache-Wirkungs-Diagramm, auch Fishbone- oder Ishikawa-Diagramm genannt, ist ein weiteres Instrument, das fundierte Fehlerursachenanalysen unterstützt.

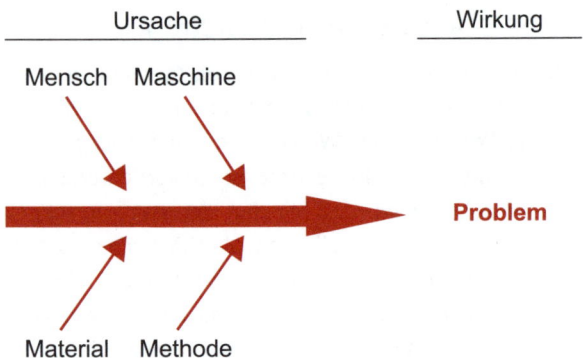

Ursache und Wirkung bei der Fehlerbearbeitung

Bei einer systematischen Ursachenanalyse gehen Sie die sogenannten Einflussgrößen durch.

- Bei der einfachen Variante **4M** fokussieren Sie nur die vier zentralen Einflussgrößen **M**aterial, **M**aschine, **M**ethode und **M**ensch.

- Bei der ausführlichen Variante **8M** erweitern Sie die 4M um weitere vier Bereiche. Diese lauten: **M**ilieu/Mitwelt, **M**anagement, **M**essung und **M**oney.

Dadurch stellen Sie sicher, dass Sie Ihre Aufmerksamkeit auf sämtliche Bereiche lenken, die für die möglichen Fehlerursachen in Frage kommen. Wichtig ist, dass Sie alle potenziellen Fehlerursachen sammeln.

Beispiel:

In einem Software-Entwickler-Team gibt es seit langem Ärger. Der Tester Oliver steht dabei im Mittelpunkt. Man betrachtet ihn als Schuldigen für die ständigen Terminüberschreitungen. Und tatsächlich: Bei ihm staut sich die Arbeit. Die anderen nennen ihn spöttisch „unser Bottleneck". Frank, der Entwicklungsleiter, lädt erstmals zur gemeinsamen Fehleranalyse. Er zeichnet ein Fishbone-Diagramm auf das Flipchart und erläutert die Vorgehensweise.

Das Brainstorming läuft schnell an: „Ich sehe eine Ursache im Bereich Mensch. Wir haben fünf Entwickler, aber nur einen Tester." „Und ich sehe eine im Management: Wir haben Zeitpläne ohne Puffer." „Ich sehe noch eine Ursache im (Projekt)Management: Am Anfang hat der Tester keine Arbeit, gegen Projektende kommt bei ihm jedoch alles zusammen." Eine Kollegin führt fort: „Zur Methode, zu unserem Prozess möchte ich anmerken: Die Entwickler machen einen Schnellschuss und lassen den Tester die Entwicklerfehler finden, aber das ist eigentlich nicht seine Aufgabe."

Eine Wortmeldung reiht sich an die nächste: „Eine Ursache sehe ich auch in der Mitwelt, in unserem Team. Die Sticheleien gegen den Tester sind nicht gerade hilfreich, die führen auch zu Demotivation!" Oliver steuert auch seine Sicht bei: „Im Bereich Maschine, also bei unserer technischen Ausstattung, liegt auch eine Ursache. Durch die unterschiedlichen Tests muss ich immer wieder die Testapparaturen neu auf- und ab- und umbauen. Da sparen wir an der Ausstattung, aber das kostet uns viel Zeit!"

Ein Fehler zeigt auf, dass etwas nicht stimmt. Meist sind die Ursachen vielfältig. Fragen Sie daher nicht: „Wer hat den Fehler verschuldet?" Die Schuldigensuche verleitet zur Bestrafung. Fragen Sie lieber „Was hat zu dem Fehler geführt?". Diese Fragestellung leitet Sie zu den Ursachen. Nur die Kenntnis der Ursachen führt Sie auf die richtigen Lösungswege.

> Behandeln Sie nicht (nur) das Symptom, behandeln Sie die Ursache. Nur so verschwindet auch das Symptom.

Wie Sie Fehler systematisch bearbeiten

Wir neigen bei Fehlern und Problemen oft zu vorschnellem Handeln. Viel zu oft glauben wir, dass sich der Aufwand nicht lohnt oder dass wir uns die Sache gerade nicht leisten können und nehmen sie uns für später vor. Doch was passiert dann? Wir verlieren die Angelegenheit aus den Augen. Bis uns der nächste Fehler daran erinnert, dass wir etwas Wichtiges verabsäumt haben.

Fehlerabstellung als Investition in die Zukunft

Eine sorgsame Fehlerabstellung lohnt sich. Abstellmaßnahmen reduzieren die Fehlerhäufigkeit und daher auch die Fehlerkosten. Mit jedem Fehler, den wir vermeiden können, sparen wir Mühe und Kosten, die für ihn aufgewendet werden müssten. Das summiert sich. Fehlerabstellung ist also eine

Investition in die Zukunft. Wir setzen Zeit und Geld ein, um die Wiederholung eines Fehlers zu verhindern.

> Je häufiger ein Fehler auftritt (Auftretenswahrscheinlichkeit) und je höher die Kosten bzw. Sicherheitsrisiken (Bedeutungsschwere der Auswirkungen) ausfallen, desto lohnenswerter ist eine nachhaltige Fehlerabstellung.

Systematische Fehlerabstellung

Eine gute Fehlerbearbeitung zeichnet sich durch systematisches Vorgehen aus. Sie können sie alleine durchführen, wenn Sie die erforderlichen Kompetenzen mitbringen. Sie können die notwendigen Schritte jedoch auch mit ein paar ausgewählten Fachkräften oder mit Ihrem Team setzen.

Wichtig für eine systematische Vorgehensweise ist, dass Sie sich am Anfang Klarheit über die Ausgangssituation und die Fehlerursachen verschaffen. Eine gute Ursachenanalyse gibt bereits Anhaltspunkte für die notwendigen Verbesserungen. Und wenn Sie dann die Abstellmaßnahmen festgelegt und umgesetzt haben, ist es wichtig, dass Sie auch den Erfolg überprüfen.

Schritt-für-Schritt: Fehler beheben

 1. **Fehlerbeschreibung**
   Notieren Sie die wichtigsten Fakten zum Fehler: Wo ist er aufgetreten? Welche Merkmale weist der Fehler auf? Wie lässt er sich quantifizieren? Welche Auswirkungen hat er? Beispiel: Werkstück bei elektrolytischer Kennzeichnung vom Arbeitstisch gefallen, Ausschusskosten ca. 300 Euro/Stück, wiederholtes Auftreten ca. 2 bis 3 × pro Monat

2. **Sofortmaßnahmen**
Dämmen Sie weitere Fehlerfolgen ein: Welche
Akutmaßnahmen müssen getroffen werden, um
eine Ausweitung des Problems bzw. Schadens zu
verhindern? Beispiel: Verschrottung des Werkstücks, sofortige Nachproduktion, Hilfskraft zum
Fixieren des Werkstücks einsetzen

3. **Ursachenanalyse**
Erfassen Sie die wichtigsten Ursachen: Was alles
hat dazu geführt, dass der Fehler aufgetreten ist?
Was waren die wichtigsten Einflussfaktoren?
Beispiel: provisorische Arbeitsgestaltung, fehlende
Vorrichtung zum Fixieren der Werkstücke

4. **Abstellmaßnahmen**
Legen Sie Verbesserungsmaßnahmen fest: Wie
kann der aktuelle Fehler korrigiert werden? Was
kann man darüber hinaus tun, um gleiche bzw.
ähnliche Fehler zu vermeiden? Beispiel: Auftrag für
Fixier-Vorrichtung, fixer Arbeitsplatz für Kennzeichnung, Info ans Team

5. **Wirksamkeitsüberprüfung**
Kontrollieren Sie den Erfolg der Maßnahme:
Konnte der Fehler bewältigt und ein Wiederauftreten verhindert werden? Braucht es weitere Verbesserungen? Beispiel: Analyse und Bewertung des
neuen Prozesses, Fehlersammelliste

Methoden aus dem Qualitätsmanagement

Fehlerbearbeitung ist eine Frage der Haltung. Wer der Fehlerabstellung keine Priorität einräumt, findet auch nie den richtigen Zeitpunkt. Doch mit einem hohen Fehlerbewusstsein allein ist es noch nicht getan. Man benötigt auch das geeignete Werkzeug. Mit besseren Kompetenzen und Methoden erzielen Sie auch bessere Ergebnisse.

Zur Fehlerbearbeitung gibt es ein paar Methoden aus dem Qualitätsmanagement, deren ausführliche Darstellung den Rahmen dieses TaschenGuides sprengen würde, die sich aber für Führungskräfte und QualitätsmanagerInnen als äußerst hilfreich erweisen. Hier daher ein kleiner Überblick über die wichtigsten Methoden.

- **Risikoanalyse:** Sie wird zur Identifikation und Bewertung von Risiken eingesetzt. Sie ist eine präventive Methode, d.h., sie erhebt Fehlerrisiken, bevor Fehler gemacht werden. Das Risiko wird identifiziert, analysiert, bewertet und mit einem geeigneten Risikomanagement kontrolliert. Potenzielle Risiken sollen so wahrgenommen bzw. durch Präventionsmaßnahmen vermieden, reduziert oder auf Dritte abgewälzt werden.

- **FMEA:** Die **F**ehler**M**öglichkeits- und **E**influss**A**nalyse wird eingesetzt, um mögliche Fehler in Produkten oder Prozessen bereits im Vorfeld zu erkunden und zu reduzieren bzw. zu verhindern. Sie ist daher ebenfalls eine präventive Methode. Fehlerrisiken werden erst gesammelt und dann mittels der Faktoren Auftretenswahrscheinlichkeit, Entdeckungswahrscheinlichkeit und Bedeutungsschwere bewertet. So wird die Risiko-Priorität für das weitere Vorgehen ermittelt.

- **8D-Report:** Der 8D-Report wurde primär für die Reklamationsabwicklung geschaffen, bewährt sich jedoch bei allen komplexen Problemstellungen und unklaren Lösungswegen. Es handelt sich um eine reaktive Methode, d.h., sie wird eingesetzt, wenn der Fehler bereits aufgetreten ist. Ein Team arbeitet dabei die 8 Disziplinen (Prozessschritte) durch: von D1 Arbeitsgruppe bilden, D2 Problem beschreiben, D3 Sofortmaßnahmen festlegen, D4 Fehlerursachen analysieren, D5 Abstellmaßnahmen festlegen, D6 Abstellmaßnahmen einführen, D7 Vorbeugemaßnahmen setzen bis zu D8 Teamleistung würdigen.

- **DMAIC:** Diese Methode wird zur Verbesserung von Produkten und Prozessen eingesetzt. Der **D**efinition von Anforderungen folgt **M**easure (Datenerhebung), dieser die **A**nalyse der Fehlerursachen. Mit **I**mprove werden Lösungen entwickelt und Verbesserungen gesetzt, die mit **C**ontrol überprüft und bewertet werden.

Mit einer einmaligen Aktion ist es jedoch nicht getan. Es ist wichtig, laufend Fehler und Verbesserungsmöglichkeiten zu erkennen und Verbesserungen zu setzen. Dadurch sinken die Fehlerquote und die Fehlerkosten, während Qualität und Produktivität steigen.

Kontinuierliche Verbesserung

William Edwards Deming, einer der Begründer des Qualitäts-managements, hat ein Instrument zur kontinuierlichen Qualitätsverbesserung entwickelt – den Deming-Kreis.

Beim Deming-Kreis handelt es sich um einen Regelkreis, der in vier Prozessphasen unterteilt ist. Diese Prozessphasen legen das Vorgehen über einen bestimmten Zeitraum fest. Nach **P**lan kommt **D**o, dann **C**heck und **A**ct (daher auch PDCA-Zyklus genannt). Doch mit Beendigung der letzten Phase ist das Vorhaben nicht abgeschlossen, sondern es geht in die nächste Verbesserungsrunde. So verhindert man Schnellschüsse und Zick-Zack-Kurse. Statt oberflächlicher „Aktionitis" setzt man abwechselnd Planungs-, Überprüfungs- und Evaluierungsphasen. Das klingt zwar trocken, bringt aber in der Umsetzung schnelle Fortschritte.

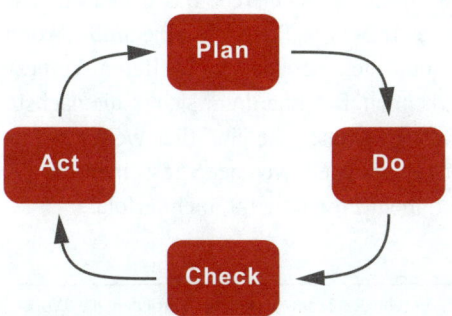

Der Deming-Kreis

- **Plan** umfasst das Erkennen von Verbesserungspotenzialen, die Analyse des aktuellen Zustands sowie das Entwickeln eines neuen Konzeptes – unter Beteiligung der betroffenen MitarbeiterInnen.

- **Do** bezeichnet das Ausprobieren bzw. Testen und praktische Optimieren des Konzeptes mit schnell realisierbaren, einfachen Mitteln (z.B. provisorische Vorrichtungen) an einem einzelnen Arbeitsplatz oder einem Pilotprojekt.

- **Check** bedeutet die sorgfältige Überprüfung der im Kleinen realisierten Prozessabläufe und dabei erwirkten Verbesserungen. Gute Ergebnisse haben die Einführung der Prozesse im größeren Stil zur Folge.

- **Act** heißt, dass der neue Standard auf breiter Basis eingeführt, festgeschrieben und regelmäßig auf Einhaltung überprüft wird. Diese „Aktion" kann große organisatorische Aktivitäten sowie erhebliche Investitionen umfassen.

Beim Deming-Kreis handelt es sich nicht um ein 4-Schritte-Programm, sondern um einen Regelkreis. Das bedeutet, dass nach Act wieder der erste Schritt, Plan, folgt. Die große Aktion wurde umgesetzt, nun geht es darum, weiteren Verbesserungsbedarf zu erkennen. Das Rad dreht sich in die nächste Runde. Mit jeder Runde kommen Sie ein Stück weiter: weniger Fehler, weniger Fehlerkosten, weniger Stress, mehr Qualität, mehr Sicherheit, mehr Produktivität, mehr Erfolg.

Beispiel:

 Das Software-Entwickler-Team betrachtet zufrieden die Workshop-Ergebnisse. Das Fishbone-Diagramm hat ihnen viele neue Erkenntnisse über die Ursachen gebracht. Dank der sorgfältigen Analyse konnten sie auch zahlreiche gute Verbesserungsideen entwickeln. Frank, der Entwicklungsleiter, fasst das weitere Vorgehen laut Deming-Kreis zusammen: „Zuerst arbeiten wir unseren Plan für den neuen Prozessablauf aus. Dazu ist es notwendig, dass wir unsere Verbesserungsideen noch etwas konkretisieren. Sobald der Plan steht, testen wir den neuen Prozessablauf. Wir erproben ihn an einem Kleinauftrag. Dadurch gewinnen wir Erkenntnisse. Wir sehen, ob der Plan funktioniert und halten zugleich das Risiko in Grenzen. Sobald der Auftrag abgeschlossen ist, evaluieren wir den neuen Entwicklungsprozess: Ist das Ergebnis des Checks positiv, machen wir den neuen Prozess zu unserem Standardprozess. Wir setzen ihn dann bei allen Projekten ein."

Frank lächelt zufrieden: „Danke für eure erstklassigen Beiträge! Ich bin mir sicher, dass es uns nun gelingt, Stress und Ärger abzubauen und die Liefertermine einzuhalten!"

Wer kurzfristig denkt, begnügt sich mit der Fehlerkorrektur. Dabei wird jeweils nur der aktuelle Fehler korrigiert. Wenn ein Feuer ausbricht, wird lediglich der Brand gelöscht. Verantwortungsbewusste Personen und Organisationen kümmern sich auch um den Brandschutz. Sie belassen es nicht bei der Fehlerkorrektur, sie setzen Fehlerabstellmaßnahmen. Diese Maßnahmen verhindern das Wiederauftreten gleichartiger oder ähnlicher Fehler.

Wie Sie im Team aus Fehlern lernen

„Dumme Menschen machen immer wieder die gleichen Fehler, intelligente Menschen machen immer wieder neue Fehler", lautet ein Sprichwort. Aus Fehlern zu lernen ist ein Zeichen von Intelligenz. Wir vermeiden damit Wiederholungsfehler.

Beispiel:

 Clemens, Geschäftsführer eines mittelständischen Pharmaunternehmens, sagt stolz: „Wir haben hier eine ausgezeichnete Fehlerkultur." Er lächelt zufrieden. „Besonders hervorheben möchte ich unsere zwölf Produktmanager. Sie machen alle Fehler, aber jeder macht einen Fehler nur ein einziges Mal. Jeder lernt aus seinem Fehler! Derselbe Fehler passiert ihm nie wieder."

In diesem Unternehmen sind ohne Frage lauter intelligente Manager tätig. Aber es gibt ein Problem: Sie sind kein intelligentes Team, bilden keine lernende Organisation. Alle Organisationsmitglieder lernen nur aus ihren eigenen Fehlern. „Aus Schaden wird man klug", heißt es. Doch wenn wir nur durch eigenen Schaden klug werden, ist das ein schmerzlicher, schwerer und teurer Weg. Leichter und intelligenter gelangen wir an Wissen und Weisheit, wenn wir auch aus den Fehlern der anderen lernen. Wir müssen nicht selbst den Schaden haben.

Aus diesem Grund ist es wichtig, dass wir nicht nur aus eigenen Fehlern lernen, sondern auch andere an unseren Erkenntnissen teilhaben lassen, um gemeinsam aus eigenen und fremden Fehlern zu profitieren. Ein Fehler verursacht dann nicht nur Kosten, sondern bringt auch einen Nutzen.

Fehlerbesprechungen

In Teams eignen sich sowohl die kleinen Ad-hoc- oder Morgenbesprechungen, um schnelle Infos über einen Fehler und dessen Handhabung weiterzugeben, als auch die regelmäßig stattfindenden Teambesprechungen.

Beispiel:

Clemens hat sich vorgenommen, seine Firma zu einem lernenden Unternehmen umzugestalten. Er will nicht nur intelligente Manager, er will auch intelligente Teams. Daher stehen Fehlerbesprechungen nun als TOP auf der Agenda der monatlich stattfindenden Managementrunde.

„Heute möchte ich im Zuge unserer Fehlerbesprechung über Medikamentenverwechslungen reden. Wie Sie wissen, gibt es in Krankenhäusern und Pflegeheimen Personalmangel. Der daraus resultierende Zeitdruck führt des Öfteren dazu, dass Medikamente verwechselt werden, gerade wenn sie sich in Verpackung oder Bezeichnung ähneln. Heute möchte ich mit Ihnen besprechen, welche Maßnahmen wir für mehr Patientensicherheit treffen können."

Fehlerbesprechungen eignen sich, um Fehlererkenntnisse weiterzugeben, aber auch, um gemeinsam Fehler zu bearbeiten. Die Schritte sind immer die gleichen: Entweder werden bereits vorhandene Ergebnisse über die Fehlerursachen und Abstellmaßnahmen mitgeteilt, oder die Ergebnisse werden gemeinsam erarbeitet.

Möglicher Ablauf einer Fehlerbesprechung

1 **Beschreibung des Fehlers:** Überblick über Fehler, Fehlererkennung, Auswirkungen, Folgen etc. schaffen, z. B. Medikamentenverwechslungen

2 **Ursachenanalyse:** verschiedene Einflussfaktoren erarbeiten oder aufzeigen, Hintergründe erkennen, z. B. Flüchtigkeitsfehler, ähnlich aussehende bzw. klingende Medikamente aufgrund eigener Corporate Identity-Vorgaben

3   **Abstellmaßnahmen:** Ideen und Maßnahmen für Verbesserungen erarbeiten oder aufzeigen, z. B. Konzept für Packungsgrößen und -formen schaffen, Grafik und Farbsymbolik überarbeiten

4   **Nächste Schritte:** weitere Vorgehensweise konkretisieren und vereinbaren, z. B. Know-how durch Fachrecherchen und Experten-Interviews vertiefen, Design-Arbeitsgruppe bilden, Aktivitäten vermarkten

Bei gemeinsamen Besprechungen werden alle Teammitglieder für einen konkreten Fehler sensibilisiert. Sie erfahren, wo und wie der Fehler auftritt, welche Ursachen und welche Auswirkungen er hat. Sie erfahren aber auch, wie sie den Fehler frühzeitig erkennen können, welche Sofortmaßnahmen sie ergreifen sollen und welche Abstellmaßnahmen gesetzt werden, damit Wiederholungsfehler verhindert werden.

Lernprozesse begleiten

Das Wissen über Fehler, Fehlerursachen und Verbesserungen reicht oftmals nicht für nachhaltige Veränderungen. Alte Muster und Gewohnheiten verhindern, dass Fehler überwunden und mit dem richtigen Vorgehen ersetzt werden.

Beispiel:

 Steffi ist seit Kurzem Abteilungsleiterin in einem Baumarkt. Sie hat sich einen guten Überblick über die Abläufe und das Team verschafft. Vor allem bei den Verkaufsgesprächen sieht sie dringenden Handlungsbedarf: Sie musste feststellen, dass ihre FachverkäuferInnen nicht mit den KundInnen in einen Dialog treten, sondern lange Monologe führen. In diesen „Beratungsgesprächen" listen sie zahlreiche technische Details auf. Die KundInnen fühlen sich überrannt und überfordert. Zum Kauf kommt es nur selten.

Vom Marktleiter erfährt sie, dass das Verkäuferteam schon mehrmals in Fragetechniken geschult wurde, diese jedoch nicht in ihr Verhaltensrepertoire aufgenommen wurden. Daher beschließt sie, gemeinsam im Team aus Fehlern zu lernen.

Allein der Wille zum Lernen aus Fehlern reicht oft nicht, um dauerhafte Verbesserungen zu schaffen. Es braucht häufig auch eine (didaktisch) sinnvolle Vorgehensweise, damit das Gelernte zur Gewohnheit wird und selbstverständlich angewandt wird.

Fritz Oser und Maria Spychiger, zwei Schweizer ErziehungswissenschaftlerInnen, haben ein paar Empfehlungen ausgearbeitet, wie man neues Wissen und richtiges Vorgehen verankert. Diese lassen sich auch für Unternehmen adaptieren.

Wie Sie gemeinsam aus Fehlern lernen

1 **Konkreten Fehler fokussieren:** einen spezifischen Fehler auswählen und zum Veränderungsprojekt machen, Fehlerfolgen bewusst machen, Ziel konkretisieren, z. B. Gesprächsführung verbessern, vom Monolog zum Dialog kommen

2 **Fehlersituationen aufzeigen:** aktuelle Fehlervorfälle aufgreifen, evt. Arbeitsprozess unterbrechen, Priorität und Zeit einräumen, z. B. Verkaufsgespräche nachbesprechen, Fragetechniken üben, Verbesserungen erarbeiten

3 **Klarheit schaffen:** Gegenüberstellung von falsch/richtig bzw. schlechter/besser, Unterschiede verdeutlichen, Ver-

stehen ermöglichen, z.B. Wirkung von Monolog bzw. Dialog auf Beziehungsebene, Kundenzufriedenheit, Kaufentscheidung reflektieren/testen

4   **Wissen verankern:** Gedächtnisstützen schaffen, Erinnerungsstrategien entwickeln, Hilfsmittel einsetzen, z.B. „Wer fragt, der führt!" als Plakat gestalten, in Besprechungen Kernthemen wiederholen

5   **Trainingsmöglichkeiten schaffen:** unterschiedliche Übungssituationen herstellen, richtiges Vorgehen üben, Routine aufbauen, z.B. Fallbeispiele besprechen, im Rollenspiel üben, in Kundengesprächen anwenden

6   **Selbsteinschätzung stärken:** Bewertungskriterien schaffen, Selbsteinschätzung und Selbstkontrolle forcieren, z.B. Reflexionsrunden durchführen, eigene Verkaufsgespräche nach Punkten bewerten

7   **Fortschritte aufzeigen:** Fortschritte sichtbar machen, Rückfälle aufzeigen, Ermunterung geben, Erfolge belohnen, z.B. laufend Feedback geben, monatlich Bilanz ziehen, Prämie an Leistung anpassen

8   **Nachhaltige Umsetzung sicherstellen:** Erlerntes bei Bedarf auffrischen/aktualisieren, auf konsequente Anwendung achten, z.B. Umsetzung kontrollieren, Verkaufsgespräche begleiten, laufend Verbesserungen erarbeiten

Ein Sprichwort lautet: „Wer alleine arbeitet, addiert. Wer im Team arbeitet, multipliziert." Das gilt auch für das Lernen aus Fehlern. Wer nur aus eigenem Schaden klug wird, bezahlt einen hohen Preis. Wer auch aus Fehlern anderer lernt, kommt schneller und leichter ans Ziel.

Ihr Aufbruch in eine neue Fehlerkultur

Fehler begleiten unser Tun. Fehler passieren und werden uns auch weiter passieren. Gerade darum ist es wichtig, aus Fehlern zu lernen, Wiederholungsfehler zu vermeiden, besser zu werden, mehr Qualität und Sicherheit zu gewährleisten. Immer und immer wieder.

Im Laufe des Buches haben Sie an vielen Beispielen aus dem (Arbeits-)Alltag erlebt, wie Sie einen schlechten bzw. falschen Umgang mit Fehlern vermeiden können und was einen guten Umgang mit Fehlern auszeichnet. Anhand zahlreicher Beispiele aus der Praxis konnten Sie erkennen: Über Fehler hinwegsehen und hinweggehen bringt nichts. Sie treten immer und immer wieder auf. Verursachen immer und immer wieder Ärger, Aufwand und Kosten. Sich über Fehler zu ärgern ist auch nicht zielführend. Anklagen, Vorwürfe, Schuldigensuche und Strafen blockieren nur den offenen Umgang mit Fehlern.

Indem Sie ruhig und respektvoll mit Fehlerverursachern umgehen, indem Sie auf Sachlichkeit und Lösungsorientierung achten, etablieren Sie eine positive Fehlerkultur. Wenn Sie Fehler schnell und sicher erkennen, sie richtig einschätzen und mit ihnen gut umgehen, verbessern Sie Ihre Kompetenzen, verbessern Sie Ihre Leistungen und schaffen Erfolge – für sich und Ihre Mitmenschen, im Arbeitsleben ebenso wie im Privatleben. Sie kommen zu besseren Ergebnissen. Sie erreichen Ihre Ziele leichter und schneller. Sie schaffen Volltreffer.

Sie haben gelernt aus Fehlern zu lernen. Und aus Schaden klug zu werden. Sie wissen nun, worauf es ankommt und wie es geht. Jetzt ist es an Ihnen, dieses Wissen auch umzusetzen, zu leben. Wie Goethe schon sagte: „Es reicht nicht zu wissen, man muss es auch tun."

Auf einen Blick: Fehler bewältigen

- Fehler haben Ursachen. Es ist wichtig, diese zu ergründen, um Fehler nachhaltig abzustellen. Wer nur die Symptome von Fehlern bekämpft, scheitert.

- Je häufiger ein Fehler auftritt und je höher die Fehlerkosten bzw. Sicherheitsrisiken sind, desto lohnenswerter ist eine systematische Fehlerabstellung.

- Methodisches Vorgehen garantiert eine schnelle Zielerreichung. Fehlermanagement-Methoden unterstützen eine effiziente und effektive Fehlerabstellung.

- Fehlerbesprechungen fördern das Lernen aus Fehlern. Sie stellen sicher, dass nicht nur der Fehlerverursacher, sondern das gesamte Team aus Schaden klug wird und Wiederholungsfehler vermieden werden.

- Eine gute Fehlerkultur kommt nicht von alleine. Mitarbeiterinnen wie Führungskräfte können sie aufbauen und stärken.

Weiterführende Literatur

Althof, W. (Hrsg.), Fehlerwelten. Vom Fehlermachen und Lernen aus Fehlern, Opladen 1999.

Donle, M., Strategien der Fehlerbehandlung. Umgang von Wirtschaftsprüfern, Internen Revisoren und öffentlichen Prüfern mit den Fehlern der Geprüften, Wiesbaden 2007.

Brandl, P.M., Crash Kommunikation. Warum Piloten versagen und Manager Fehler machen, Offenbach 2010.

Ebner, G./Heimerl, P./Schüttelkopf, E., Fehler · Lernen · Unternehmen. Wie Sie die Fehlerkultur und Lernreife Ihrer Organisation wahrnehmen und gestalten, Frankfurt (Main) 2008.

Eiselen, T. (Hrsg.), Fehler als Innovationschance, Berlin 2006.

Glazinski, R./Wiedensohler, R., Patientensicherheit und Fehlerkultur im Gesundheitswesen. Fehlermanagement als interdisziplinäre Aufgabe in der Patientenversorgung, Eschborn 2004.

Krenovsky, A./Reiter W., Es irrt nicht nur der Chef. Erkennen Sie die fatalsten Denkfehler im Beruf und entscheiden Sie richtig, München 2003.

Liebl, K. (Hrsg.), Empirische Polizeiforschung V: Fehler und Lernkultur der Polizei, Frankfurt 2004.

Löber, N., Fehler und Fehlerkultur im Krankenhaus, Wiesbaden 2011.

Mansaray, N., Wenn Führungskräfte irren. Die 20 gefährlichsten Manager-Fehler, Wiesbaden 2001.

Oser, F./Spychiger, M., Lernen ist schmerzhaft. Zur Theorie des Negativen Wissens und zur Praxis der Fehlerkultur, Weinheim 2005.

Roth, A., Fehlermanagement im Krankenhaus. Konzept zur Implementierung eines Fehlerverständnisses, Saarbrücken 2006.

Schneider, M., Teflon, Post-it und Viagra. Große Entdeckungen durch kleine Zufälle, Weinheim 2006.

Schüttelkopf, E., Fehlerkultur. Zu Begriff, Bedeutung und Bewertung des Phänomens Fehlerkultur, Wien 2006.

Schüttelkopf, E., Fehlerkultur in der Praxis. Reflexion, Analyse und Optimierung der organisationalen Fehlerkultur am Beispiel der Entwicklungsabteilung Center Systems, Wien 2007.

Schüttelkopf, E., Erfolgsstrategie Fehlerkultur. Wie Organisationen durch einen professionellen Umgang mit Fehlern ihre Performance optimieren, in: Ebner, Heimerl, Schüttelkopf 2008.

Wagner, R. (Hrsg.), Near Miss. Systematischer Umgang mit Beinahe-Unfällen, London/Wien 2007.

Weingardt, M., Fehler zeichnen uns aus. Transdisziplinäre Grundlagen zur Theorie und Produktivität des Fehlers in Schule und Arbeitswelt, Bad Heilbrunn 2004.

Stichwortverzeichnis

Impressum

Bibliografische Information der Deutschen Nationalbibliothek
Die Deutsche Nationalbibliothek verzeichnet diese Publikation in der Deutschen Natio-
nalbibliografie; detaillierte bibliografische Daten sind im Internet über
http://dnb.dnb.de abrufbar.

Print: ISBN: 978-3-648-06704-8 Bestell-Nr.: 01362-0002
ePub: ISBN: 978-3-648-06705-5 Bestell-Nr.: 01362-0101
ePDF: ISBN: 978-3-648-06706-2 Bestell-Nr.: 01362-0151

Elke M. Schüttelkopf
Lernen aus Fehlern – Wie man aus Schaden klug wird
2. Auflage 2015

© 2015, Haufe-Lexware GmbH & Co. KG, Munzinger Straße 9, 79111 Freiburg
Redaktionsanschrift: Fraunhoferstraße 5, 82152 Planegg/München
Telefon: (089) 895 17-0
Telefax: (089) 895 17-290
Internet: www.haufe.de
E-Mail: online@haufe.de
Redaktion: Jürgen Fischer
Redaktionsassistenz: Christine Rüber

Lektorat: Nicole Jähnichen, München
Satz: Beltz Bad Langensalza GmbH, 99947 Bad Langensalza
Umschlag: Kienle gestaltet, Stuttgart
Umschlaggestaltung: RED GmbH, 82152 Krailling
Druck: freiburger graphische betriebe, 79108 Freiburg

Die Autorin

Mag. Elke M. Schüttelkopf MSc MBA

Das Thema Fehlerkultur hat Elke M. Schüttelkopf nicht nur als Management-Trainerin, Executive-Coach und Unternehmensberaterin beschäftigt, sondern auch zum Forschungsgebiet ihrer beiden berufsbegleitenden Studien (nach dem Erststudium Theater/Filmwissenschaft und Psychologie) gemacht: Im Rahmen des BWL-Studiums „Intra- und Entrepreneurship" erarbeitete sie die theoretischen Grundlagen, im Studienlehrgang „Supervision und Coaching" beschäftigte sie sich mit der praktischen Entwicklung von Fehlerkultur in Organisationen.

Mit ihren langjährigen Praxiserfahrungen und Forschungsarbeiten über Fehlerkultur hat sie sich im gesamten deutschsprachigen Raum als Fehlerkultur-Spezialistin etabliert.

Die Autorin lebt in München und Wien. Sie ist im gesamten deutschsprachigen Raum tätig. Sie berät große Produktionsunternehmen, Dienstleistungsorganisationen sowie den öffentlichen Dienst bei der Verbesserung der Fehlerkultur und unterrichtet als Lektorin an Fachhochschulen.

Kontakt: office@fehlerkultur.com, www.fehlerkultur.com

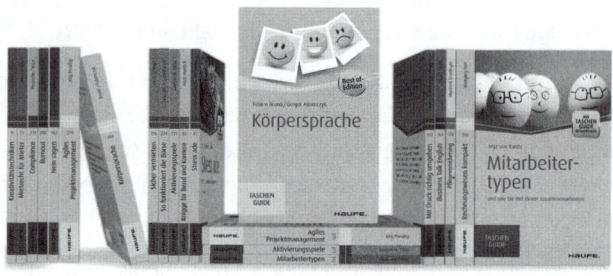